나의 실천이 크건 작건, 그것은 관계 없습니다.
모든 환경문제는 서로 연결되어 있기 때문입니다.

어린이가 지구를 살리는 방법 50

옮긴이 **황성돈** 건국대학교 독어독문학과 졸업. 정신세계 관련 분야에서 기획을 했고, 현재 번역 프리랜서로 활동하고 있다. 역서로 《지구를 살리는 방법 50》(근간)이 있다.

THE NEW!

어린이가 지구를 살리는 방법 50

1판 1쇄 발행일_ 2009년 8월 18일 | 1판 2쇄 발행일_ 2010년 8월 20일 | 지은이_소피 자브나, 어스웍스 그룹 | 그린이_미셸 몬테즈, 로렌 바저 | 옮긴이_황성돈 | 펴낸이_류희남 | 편집장_권미경 | 펴낸곳_물병자리 | 출판등록일(번호)_1997년 4월 14일(제2-2160호) | 주소_110-070 서울시 종로구 내수동 4번지 옥빌딩 601호 | 대표전화_(02) 735-8160 | 팩 스_(02) 735-8161 | e-mail_mbpub@hanmail.net | 홈페이지_www.mbage.com | ISBN_978-89-87480-94-7 03530 | 이 책의 어느 부분도 펴낸이의 서명 동의 없이 어떤 수단으로도 복제하거나 유포할 수 없습니다. 잘못된 책은 바꿔 드립니다

※ 이 책은 환경보호를 위해 재생종이를 사용하여 제작하였으며, 한국간행물윤리위원회가 인증하는 녹색출판 마크를 사용하였습니다.

어린이가 지구를 살리는 방법 50

소피 자브나, 어스웍스 그룹 지음
미셸 몬테즈, 로렌 바저 그림
황성돈 옮김

물병자리

차 례

제1부 지금 무슨 일이?

제2부 숨겨진 보물

어린이들에게

성인이 된 어른들은 많은 것을 할 수 있지만, 어린이들에게는 허락되지 않는 것들이 있습니다. 너무 늦게까지 TV를 봐서는 안 되고, 밥 대신 초콜릿을 먹어도 안 되죠. 이 외에도 여러분에게 허락되지 않은 것들은 많습니다. 그러나 어른이나 여러분이 모두 할 수 있는 중요한 일이 있습니다. 바로 지구환경을 지키는 것이죠.

환경을 보호하는 것이 아직 어린 여러분이 하기에는 너무 힘든 것이라고 생각할지 모르지만, 꼭 그렇지만은 않습니다. 오염물질 감소, 멸종위기 동물 보호, 자연보호 등은 여러분이 결심만 한다면 얼마든지 할 수 있는 일입니다. 여러분 가정에서 쓰는 물건과 여러분의 습관 몇 가지만 바꾸는 것으로 지구의 환경을 크게 변화시킬 수 있기 때문입니다.

이 책은 아직 어른이 되지 않은 여러분들이 지구환경을 위해 무엇을 해야 할지를 알려주는 책입니다. 여러분이 집, 학교, 동네에서 할 수 있는 것들을 담고 있습니다. 그리고 여러분이 친구들에게 자랑할 만한 것들도 있습니다. 이 책에 나오는 내용을 여러분의 선생님들과도 함께 나누세요. 부끄러워할 필요가 없습니다. 여러분이 지구환경 보호에 대해 말을 하면 많은 어른들이 놀라면서도 기특하게 생각할 것입니다.

그러니 목소리를 높여서, 지금 지구에 어떤 일이 벌어지고 있는지를 말하세요. 여러분에게는 지구환경을 변화시킬 수 있는 힘이 있습니다. 지구환경에 대한 여러분의 관심에 고마움을 전하며, 우리가 여러분을 응원하고 있음을 잊지 마세요.

– 여러분의 친구 소피 자브나(Sohpie Javna, 15세)

추신) 컴퓨터를 적극 이용하세요. 지구환경을 보호하는 데 도움이 될 웹사이트들이 많습니다. 인터넷을 이용해 확인해 보세요.

선생님과 부모님들께

20년 전 이 책이 처음 발간된 당시에는 어린이를 위한 환경보호 서적이 많지 않았습니다. 그나마 있던 책들도 독자들을 무시하듯 일방적으로 가르치려드는 식이거나, 나중에 어른이 되어야 할 수 있는 것들을 담은 책이 고작이었습니다.

우리는 이런 책들이 마음에 들지 않았습니다. 당시 우리는 책의 도입부분에서 "우리가 경험한 바에 따르면, 어린이들은 자신들이 어떤 역할을 할 수 있기를 바라고 있습니다. 그들은 정보와 격려를 원하고, 변화를 이끌어 낼 힘을 원하고 있습니다"라고 했습니다.

그래서 우리는 그때까지 있던 책들과는 전혀 다른 환경보호서를 내기로 결심했습니다. 어린이들이 실제로 할 수 있는 것이 무엇인지, 그리고 그에 따라 어떤 결과를 낼 수 있는지를 담은 책 말입니다. 즉, 어린이들의 실천이 지구환경에 큰 변화를 바로 지금 가져올 수 있음을 분명히 알리는 책을 만들기로 한 것입니다. 그래서 '어린이들이 스스로 할 수 있는 것이 무엇인지', 그리고 '어린이들의 실천이 어떻게 지구환경을 보호하는 데 도움이 되는지 쉽게 이해시키는 것'에 중점을 두어 책을 만들었습니다.

책이 발행된 이후의 상황을 보면 우리의 판단이 맞았던 듯합니다. 1990년 이후로 우리가 썼던 책과 유사한 개념의 책들이 수백 권 출간되었지만(그 가운데에는 우리 책의 내용을 도용한 것도 있었습니다), 우리의 책이 어린이를 위한 환경보호서 부문에서 아직도 1위를 지키고 있습니다. 더구나 놀라운 것은, 당시 발행된 책의 내용이 전혀 업데이트되지 않았음에도 아직도 계속 팔리고 있다는 것입니다. 우리는 여러분께 좋은 정보를 제공하면서 내용을 지금의 상황에 맞게 고치기 위해 새로운 개정판을 내기로 했습니다.

새로 업데이트된 내용

우리가 20년 전에 책에 담았던 내용들 대부분은 아직도 유용하기에, 크게 바꿀 내용은 없었습니다. 물론 통계수치는 현재 상황에 맞게 바꾸었고, 전체 내용 중 약 20%를 업데이트했습니다. 또한 학교에서의 특별활동에 대한 정보도 약간 추가했고, '친구와 함께 해보세요' 도 새롭게 넣었습니다. 그러나 이번 개정판에서의 가장 큰 변화는 웹사이트가 추가되었다는 점일 것입니다. 기존의 책이 발간되었을 당시에는 인터넷 이용자가 거의 없었지만, 현재는 인터넷이 가장 좋은 교육도구이기 때문입니다.

당시에는 보다 많은 정보를 원하는 독자들을 위해 주소와 전화번호를 책에 담았지만, 이 책에는 웹사이트 주소(URL)를 실었습니다. 우리는 각 주제마다 어린이들에게 가장 적합하고 좋은 웹사이트를 찾기 위해 노력했고, 그 결과 수백 개의 URL을 이 책에 싣게 되었습니다. 그러나 어떤 URL의 경우에는 너무 길어서 어린이들이 힘들어할 수도 있습니다. 이럴 때는 여러분이 주위에서 도움을 주도록 하십시오. 또한 운영되던 사이트가 없어질 수도 있는데, 이건 우리 저자들이 어찌할 수 없는 부분이기에 양해를 부탁드립니다.

요즘에는 대부분의 웹사이트를 방문할 때 'www' 를 칠 필요가 없습니다. 따라서 이 책에서는 꼭 필요한 경우가 아니라면 'www' 를 기재하지 않았습니다. 그러나 만약 어떤 사이트가 접속이 되지 않는다면 'www' 나 'http://' 를 입력해서 시도해 보기 바랍니다.

앞으로 20년 후가 되면, 어린이들이 지구환경을 보호하는 데 필요한 도구를 제공하고 동기를 부여하는 것이 그 어느 때보다 중요해질 것입니다. 이 책이 그러한 작업에 초석이 되길 바랍니다.

(※ 이 책 본문의 '관련 인터넷 사이트' 에는 국내의 사이트 주소를 실었습니다. 원서에 소개된 사이트 주소는 맨 뒤에 부록 형식으로 수록하였습니다.)

어린이들의 의견

수질 오염

"물을 오염시키는 것은 곧 물고기와 주위에 사는 동물들을 죽이는 것이에요. 이렇게 되면 먹이사슬이 무너지고, 그러면 우리도 죽게 돼요."

조이 라이히터(10살)

"건강한 삶을 살고 싶다면 호수에 관심을 가져야 해요."

– 에미카 포터(10살)

공기 오염

"자동차 사용을 줄여서 공기를 오염시키지 말아야 해요. 주의하지 않으면 숨쉴 수 없을 정도로 공기가 나빠져 가스 마스크를 쓰고 다닐 수도 있어요."

– 리건 호너(10살)

"가스 방지! 공기 오염 방지! 이는 사느냐 죽느냐의 문제예요."

– 제스 혼스타인(10살)

"공기 오염은 치명적이고, 세상에서 가장 나빠요. 오염된 공기 냄새는 정말 끔직해요."

– 에미카 포터(10살)

에너지 낭비

"에너지는 정말 중요해요. 에너지가 없다면 추운 겨울과 더운 여름을 그대로 이겨내야 하죠. 에너지가 없다면 전등이나 TV, 기타 우리 생활을 편리하게 해주는 것들도 존재하지 않았을 거예요. 저는 에너지를 낭비하는 사람들을 이해할 수 없어요."

– 빌리 슈테머(10살)

야생동식물

"나무들이 잘려나가고 있어요. 그러나 우리에게 나무는 없어선 안 돼요. 야생동식물들에게도 나무가 필요해요. 나무가 바로 그들이 사는 터전이기 때문이죠."

-새넌 레몬즈(10살)

"동물들이 멸종하지 않도록 도움을 주어야 해요."

- 시켈라 스미스(10살)

재활용

"1회용 제품은 더 이상 쓰지 말아야 해요."

- 캐런 리슨(10살)

"세계 곳곳에는 쓰레기가 넘쳐나요. 쓰레기 매립장은 금방 포화 상태가 되어 우리는 쓰레기에 둘러싸이게 될 거에요. 우리가 재활용을 보다 많이 실천하면 쓰레기 문제는 그렇게까지 심각해지지 않을 거예요."

- 로렌 베버(10살)

지구온난화

"지구온난화와 온실효과는 정말 심각한 거예요. 우리 인간들은 지구가 불타는 공처럼 되기를 바라는 걸까요?"

- 애덤 애들러(10살)

"온실효과가 발생하도록 그냥 내버려 두는 이유가 뭘까요? 이건 말도 안 되는 행동이에요. 우리의 터전인 지구가 생명체가 살기에 알맞은 온도가 되도록 모두 힘을 합쳐야 해요."

- 자스민 카탈포(10살)

제 1 부

지금

무슨 일이?

기후 변화

뜨거운 담요

지구 주변은 담요가 둘러싸듯, 가스에 의해 둘러싸여 있습니다. 태양이 지구를 내리쬐어도 그 열은 지구에 머물러 있게 됩니다. 온실처럼 말입니다. 이는 우리에게 좋은 것입니다. 지구가 따뜻하지 못하면 인간이 살 수 없기 때문이죠.

지금 무슨 일이?

담요처럼 지구를 둘러싼 여러 가스 중에는 이산화탄소가 있습니다. 그런데 공장, 발전소, 자동차에서 이 이산화탄소를 너무나 많이 배출하고 있습니다.

기후가 변한다

과학자들은 과도한 이산화탄소 배출 때문에 지구의 기후가 변하고 있다고 생각합니다. 지구를 둘러싼 '담요' 때문에 지구의 열이 지구를 벗어나지 못하기 때문입니다. 이것을 '온실효과', 또는 '지구온난화' 라고 합니다.

앞으로 무슨 일이?

지구의 온도가 단 몇 도만 높아져도 극지방의 빙하가 녹을 수 있습니다. 극지방의 빙하가 녹으면 바닷물의 수위가 올라가고, 여러 섬과 해안가가 바다에 잠길 수 있습니다.

그것뿐만이 아닙니다

또 다른 일도 발생할 수 있습니다. 바닷물의 온도가 올라가면 여러 바다생물이 죽게 되고, 태풍도 더 많이 발생합니다. 우리가 먹을 식량을 재배하는 곳의 온도가 올라가면 더 이상 농작물 재배가 불가능해집니다.

최근 보도에 따르면

이미 극지방의 빙하가 녹고 있는데, 과학자들이 예상했던 것보다 그 진행 속도가 훨씬 빠르다고 합니다. 앞으로 어떤 일이 발생할까요? 그것은 아무도 모릅니다. 그러나 우리가 무언가를 해야 한다는 사실은 분명합니다.

어린이 여러분은 이런 지구온난화를 막는 데 도움을 줄 수 있습니다. 에너지 절약, 자연보호, 재활용 등이 지구온난화 방지에 도움이 됩니다. 이 책에서는 여러분이 구체적으로 어떻게 해야 하는지를 알려줄 것입니다.

수질 오염

물, 물, 물

지구에서 가장 많은 부분을 차지하는 것은 물입니다. 그중에서도 바닷물이 가장 많고, 호수, 강, 시냇물, 지하수 등이 있습니다. 작은 벌레에서 큰 고래에 이르기까지 지구의 모든 생명체는 물에 의존하고 있습니다. 따라서 물은 소중한 것입니다.

그러나 우리는 이런 소중한 물을 깨끗하게 보존하지 못하고 있습니다. 지구 곳곳의 물이 오염되고 있습니다.

강과 호수

인간들은 강과 호수에 쓰레기, 해로운 화학물질 등을 바로 갖다 버립니다. 이로 인해 많은 강과 호수가 오염되어 있습니다.

지하수

기름이나 해로운 액체는 땅으로 스며들어 지하수를 오염시킬 수 있습니다. 농작물과 잔디에 사용되는 비료 및 농약도 흙을 거쳐 스며듭니다.

바다

바다는 수많은 생명체가 사는 터전입니다. 그런데 인간들은 오랫동안 이런 바다를 쓰레기와 해로운 화학물질을 버리는 곳으로 이용해 왔습니다. 바다 또한 점점 오염되고 있습니다.

우리의 임무

우리는 물을 보호하고, 깨끗하고 건강하게 유지해야 합니다. 그래야 사람, 식물, 동물들이 계속 물을 마실 수 있고, 물고기를 비롯한 바다생물들은 계속 살 수 있는 터전을 갖게 됩니다.

물을 보호하고 깨끗하게 유지하는 법은 이 책의 제3부 '소중한 물' 에 나와 있습니다.

에너지 낭비

에너지는 중요한 것!

우리의 일상생활은 모두 에너지를 사용하는 것입니다. 전등, 난로, 냉장고, 더운물, 보일러, 에어컨, 자동차, 비행기 등 모든 것에는 에너지가 필요합니다.

에너지는 한정된 것

인간은 에너지를 어떻게 얻을까요? 대부분은 석유, 천연가스, 석탄을 통해 얻습니다. 이런 자원들은 땅을 파서 얻습니다. 땅에 묻힌 자원은 한정되어 있기에 어느 시점이 되면 모두 바닥을 드러낼 것입니다. 이것이 에너지를 현명하게 사용해야 이유 중 하나입니다.

공해를 일으켜요

또 다른 이유는 에너지를 사용함으로써 매연이 배출되어 지구온난화와 스모그를 유발한다는 점입니다. 따라서 에너지 소비를 줄이는 것은 곧 환경을 깨끗하게 하는 것입니다.

에너지 절약 방법

에너지를 절약하는 가장 쉬운 방법은 꼭 필요하지 않은 경우에는 에너지를 사용하지 않는 것입니다. 또한 에너지 효율이 높은 절전형 제품을 이용하는 것도 좋은 방법입니다.

꼭 필요할 때만 씁시다

에너지를 절약하는 방법은 많습니다. 쓰지 않는 전등은 반드시 끄고, 가까운 거리는 걸어 다니고, 보일러의 온도를 낮추는 것 등이 에너지를 아끼고 환경오염을 감소시킵니다.

또 다른 방법

또 다른 방법은 태양, 바람, 물 등 친환경 에너지를 위해 노력하는 사람들을 지원하는 것입니다. 이러한 친환경 무공해 에너지는 석유나 석탄처럼 환경을 오염시키지 않으며, 무한정 이용할 수 있습니다.

어린이 여러분도 에너지를 아낄 수 있습니다. 보다 자세한 것은 제6부 '현명한 에너지 사용'에 나와 있습니다.

공기 오염

옛날에는

약 150년 전까지만 해도 공기는 매우 맑았습니다. 사람과 동물이 숨쉬고 사는 데 아무 문제가 없었죠.

공장과 자동차

그런데 약 150년 전부터 공장을 짓기 시작하면서, 공장에서 몸에 해로운 매연을 대기 중으로 내뿜게 되었습니다. 그리고 사람들이 자동차를 이용하기 시작하면서 공기 오염이 가속화되었습니다.

지금은

지금은 공기가 너무 나빠서 사람이 마음 놓고 숨을 쉬기에 위험한 곳도 생겼습니다.

회색 하늘

지구 곳곳의 많은 도시에서 스모그 현상이 발생합니다. 스모그 현상이 너무 강한 몇몇 도시에서는 하늘이 파란색이 아니라 회색으로 보일 정도입니다.

오염된 공기는 생명체를 해쳐요

오염된 공기는 사람과 동물에게만 해로운 것이 아니라, 나무 등 식물에게도 해롭습니다. 몇몇 지역에서는 사람이 먹는 곡식에 해를 끼치기도 합니다. 따라서 깨끗한 공기를 위한 우리의 노력이 매우 중요합니다.

누구나 깨끗한 공기를 위한 노력에 동참할 수 있으며, 재미도 있습니다. 나무 심기, 자전거 이용하기, 깨끗한 공기에 대해 신문사에 이메일을 보내는 것 등이 모두 이런 노력에 속합니다. 보다 자세한 내용은 뒤에서 살펴보겠습니다.

위기의 야생동물

인구의 폭발적 증가

전 세계 인구는 점점 증가하고 있습니다. 인간에게는 살 수 있는 공간이 필요합니다. 그래서 사람들은 야생동식물이 살아가는 공간을 침범합니다. 산림을 파괴하고, 야생동식물이 살던 곳에 집과 상점을 짓습니다.

지금 무슨 일이?

일단 인간이 야생동식물의 서식지를 침범하면, 그곳에 살던 동식물은 위험에 빠집니다. 자신들이 살던 터전을 빼앗김으로써 멸종의 위기에 놓이는 것입니다. 멸종이란 어떤 생물이 모두 죽어서 지구에서 영영 사라진다는 뜻입니다.

앞으로 무슨 일이?

아주 오래전 지구에 살던 공룡을 사진이나 그림으로 본 적이 있을 겁니다. 현재 공룡은 모두 멸종되었습니다. 야생동식물에 대한 대책을 세우지 않는다면 코끼리나 얼룩말, 개구리, 나비 등도 공룡처럼 멸종될 수 있습니다.

우리의 임무

수많은 동식물이 지구에서 살 수 있도록 지구를 푸르고 건강하게 유지합시다.

여러분도 야생동물을 보호할 수 있습니다. 자세한 방법은 제4부 '야생동물 보호'에서 살펴보겠습니다.

사라지는 산림과 농경지

식물이 없으면 우리는?

식량에서 공기에 이르기까지, 우리는 생활에서 필수적인 것들을 식물에 의존하고 있습니다. 식물이 산소를 내뿜기에 우리는 숨을 쉴 수 있는 것입니다. 다 자란 나무 한 그루는 사람 2명이 1년간 숨쉴 수 있는 산소를 제공합니다.

약을 주는 식물

또한 식물은 우리에게 중요한 약품의 원료가 되기도 합니다. 암과 같은 질병에 필요한 몇몇 약품은 열대우림에서 채취한 원료를 사용합니다.

식량도 주는 식물

그리고 당연히 우리의 식량도 제공합니다. 농부들이 재배하는 농작물이 없다면 우리가 무엇을 먹을 수 있겠습니까? 옥수수, 당근, 상치, 토마토, 밀, 쌀 등 거의 모든 식량은 전적으로 농경지에서 기른 농작물입니다.

점점 줄고 있어요

전 세계적으로 보다 많은 산림과 농경지가 필요하지만, 오히려 점점 줄어들고 있습니다. 1분마다 40만㎡가 넘는 열대우림이 사라지고 있습니다.

사라지는 농경지

미국에서는 1분마다 8,093㎡의 주요 농경지가 사라지고 있습니다. 농사 대신 그곳에 집과 공장을 짓는 것이죠. 이는 곧 우리가 먹을 식량을 재배할 곳이 그만큼 줄어든다는 의미입니다.

유실되는 표토

농작물을 재배하는 데 필요한 기름진 흙을 표토라고 하는데, 우리는 표토도 점점 잃고 있습니다. 어느 한 곳의 나무를 너무 많이 베어내면 그곳의 표토는 쓸려 없어집니다.

여러분은 지구의 환경을 건강하게 유지하는 데 동참할 수 있습니다. 여러분의 친구나 가족도 물론 그렇고요. 9장 '지렁이를 키워 보세요'와 제5부 '지구를 푸르게'에서 보다 자세한 것을 확인하세요.

물 부족

가장 중요한 것

물 없이는 누구도 살 수 없습니다. 마시기 위해, 씻기 위해, 그리고 요리를 위해서도 물은 필요하죠.

물이 줄어드는 이유

지구의 인구는 점점 증가하고 있지만, 물은 그렇지 못합니다. 1,000년 전이나 지금이나 지구에 있는 물의 양은 똑같습니다. 그래서 인구가 늘어나면 그만큼 물이 부족해지는 것이죠.

물 낭비

우리는 쓸데없이 물을 낭비하는 경우가 많습니다. 사용하지 않으면서도 수도를 틀어놓고 있는 경우가 그렇습니다. 잔디에도 필요 이상으로 물을 줍니다. 변기와 샤워에도 필요 이상으로 물을 사용하고 있습니다.

힘든 현실

세계 곳곳에는 깨끗한 마실 물이 부족하여 고통 받는 사람들이 많습니다. 그리고 이런 상황은 갈수록 악화되고 있습니다. 지구온난화가 진행되면서 담수가 매년 줄어들기 때문입니다.

물을 아낍시다

우리 모두가 물을 필요 이상으로 많이 쓰지 않도록 주의해야 합니다. 물을 아낄수록 여러 사람이 같이 쓸 수 있기 때문입니다.

물을 아끼면?

물을 아끼면 에너지를 절약하고 오염도 줄일 수 있습니다. 물을 마실 수 있도록 정화하는 데는 화학약품이 들어갑니다. 그리고 그 물이 우리들의 집까지 도달되려면 에너지를 소비하여 보내야 합니다.

물 절약은 쉽습니다. 제3부 '소중한 물'을 읽어 보세요.

넘치는 쓰레기

풍족한 물자

여러분의 집안을 둘러보세요. 여러분과 가족이 사용하는 물건과 제품이 얼마나 많은지 보이세요? 우리나라는 다른 여러 나라들보다 물자가 풍부하고, 다른 나라 사람들보다 많은 것들을 소유하고 있습니다.

함부로 버리지 마세요

우리나라 사람들은 다른 나라 사람들보다 많이 버리기도 합니다. 가난한 나라들에서는 함부로 버리지도 않고, 남이 버린 물건을 다시 쓰기도 합니다. 그러나 우리나라에서는 1회용 제품이 너무나 많습니다. 말 그대로 한 번만 쓰고는 버리는 것이죠. 1회용 제품은 불필요한 쓰레기가 될 뿐만 아니라 지구의 자원을 고갈시킵니다.

자원이 부족해요

모든 사람이 이렇게 1회용을 사용한다면 어떻게 될까요? 지구의 인구는 약 60억인데, 지구의 자원은 20억 명이 1회용을 사용할 수 있는 양입니다. 즉, 전 세계 인구의 약 2/3는 아무것도 사용할 수 없게 되는 셈이죠.

아나바다 운동

미국에는 3R 원칙이 있습니다. 3R이란 무엇이든 덜 쓰고(Reduce), 버리지 말고 다시 쓰며(Reuse), 귀중한 자원을 재활용하는 것(Recycle)을 말합니다. 우리나라에는 '아나바다', 즉 아껴 쓰고, 나눠 쓰고, 바꿔 쓰고, 다시 쓰는 운동이 있습니다.

아끼면 지구를 살릴 수 있어요

덜 쓰는 것은 에너지와 지구의 자원을 덜 쓰는 것이며, 오염의 발생을 적게 하여 물과 여러 환경을 보호하는 것입니다. 따라서 덜 쓰는 것은 여러모로 지구의 환경을 보호하는 것입니다.

덜 쓰는 구체적인 방법에 대해서는 제2부 '숨겨진 보물' 과 31장 '종이는 재활용하세요' 를 살펴보세요.

숨겨진

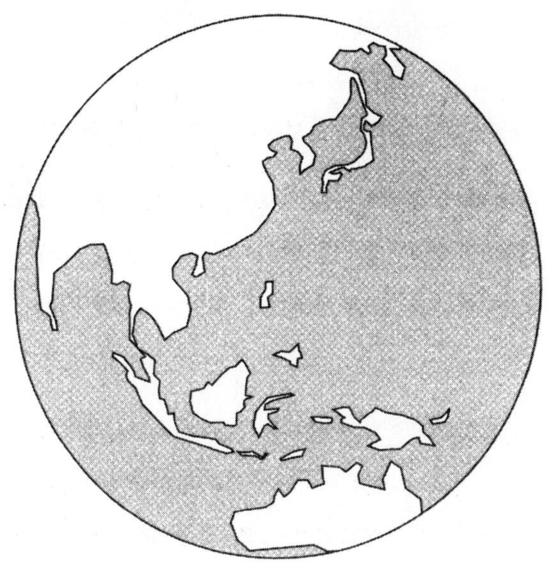

보물

보물에 대한 생각들

'숨겨진 보물' 이라는 말을 들으면 여러분은 해적이나 황금이 가득한 보물상자를 생각할 겁니다.

그러나 금은 지구에 숨겨져 있는 여러 보물 중 하나일 뿐입니다. 지구에는 수십억 년 동안 저장되어 온 멋진 보물이 많습니다. 석유, 철, 은, 모래, 알루미늄, 구리 등 무수히 많은 보물들이 있는 것이죠.

이것들은 우리에게 주어진 선물인 셈입니다. 이것들을 이용하여 겨울에는 집을 따뜻하게 하고, 도구를 만듭니다. 또 요리도 이런 보물이 있기에 가능합니다. 이런 보물들 중 생활에서 우리가 이용하지 않는 것은 거의 없습니다.

그러나 이런 보물의 양은 한정되어 있습니다. 이걸 모두 써버리면 아무것도 남지 않는 것이죠. 그러면 우리는 이 보물들을 어떻게 이용해야 할까요? 땅에서 다 파내어 꼭 필요하지도 않은 곳에 써야 할까요? 아니면 우리와 지구 생명체 모두를 위해 아껴 쓰고 보존해야 할까요?

바보 같은 질문이라고요? 그러나 사람들의 행동을 보면 이 문제를 별로 생각하지 않는 것 같습니다.

이제 이 질문을 스스로에게 던지고 답을 생각해 보세요. 지구의 숨겨진 보물들이 여러분의 것이기도 하니까요.

1. 유리제품은 재활용하세요

읽기 전에 생각해 보기

유리는 무엇으로 만들까요?

① 얼음 ② 모래 ③ 요구르트

답: ② (네, 그렇습니다. 유리는 모래를 가열하고 녹여서 만듭니다.)

전등, 유리창, TV, 거울에 공통적으로 쓰이는 것은 무엇일까요? 바로 유리죠. 우리 주위에 유리가 들어간 제품이 얼마나 많은지 한번 보세요. 그런데 우리는 유리가 들어간 제품 대부분을 그냥 버립니다. 우리가 버리는 유리병과 유리용기를 1개월만 모으면 거대한 고층빌딩 높이만큼 됩니다. 놀랍지 않나요?

아마 여러분은 이렇게 함부로 버려서는 안 된다고 생각할 겁니다. 지구의 자원을 소비할 뿐만 아니라 쓰레기도 더 많이 생기는 것이니까요. 네, 여러분의 생각이 맞습니다. 이런 유리병과 유리용기는 모두 재활용할 수 있습니다.

알고 있나요?

● 유리를 만드는 과정은 간단합니다. 모래와 몇 가지 천연재료(장석, 재, 석회)를 섞습니다. 그리고 이것들을 뜨거운 용광로에 넣어 녹입니다. 그러면 유리가 됩니다.

● 다른 방법도 있습니다. 이미 사용한 유리병과 유리용기를 그냥 녹이는 겁니다. 이것이 지구의 환경에는 더 좋은 방법입니다. 이미 사용한 제

품은 새로 유리를 만드는 것보다 낮은 온도에서도 녹기 때문입니다. 그래서 재생 유리를 만드는 데에는 에너지가 덜 사용되고, 환경도 덜 오염시키게 되죠.

● 유리병 하나를 재생함으로써 절약되는 에너지는 100와트 전등을 4시간 켤 수 있는 양입니다. 그리고 새로 유리를 만드는 데 드는 에너지의 20%만으로 재생유리를 만들 수 있습니다.

● 수천 년간 유리는 귀하게 여겨졌습니다. 그런데 유리를 만드는 기술이 발달하면서 우리는 유리를 쓰레기로 여기게 되었습니다. 매년 수십억 개의 유리병과 유리용기가 버려지고 있습니다. 이것들을 모두 재생해서 사용한다면 얼마나 많은 에너지와 오염을 줄일 수 있겠습니까?

이렇게 하세요

● 재활용은 쉽습니다. 버릴 유리병이나 유리용기 안쪽을 물로 살짝 헹굽니다. 음식물이나 음료 찌꺼기가 남아서 개미나 벌레가 꼬이지 않도록 하기 위함입니다.

● 유리로 재활용될 수 없는 병뚜껑, 코르크 마개 등은 반드시 제거하도록 하세요. 병에 붙은 종이 상표는 그냥 두어도 됩니다. 재생할 때 모두 녹아 없어지니까요.

● 병 목 부위에서 병뚜껑과 연결되어 있던 고리 모양의 금속을 네크 링

(neck ring)이라고 하는데, 이것도 그냥
두어도 됩니다.

- 길에서 유리병을 발견하면 꼭 집으로
가져가 재활용하도록 하세요. 물론
병에 묻은 먼지나 흙은 깨끗이 씻어
야겠죠.

- 여러분의 지역에서 재활용하는 곳
을 알려면 7장 '재활용센터를 찾으
세요' 을 확인하세요. 그리고 가족들과
함께 유리병과 유리용기 재활용 계획을 세우세요.

- 주의하세요! 유리창, 유리컵, 꽃병, 거울, 전구 등은 유리병이나 유리용
기와 함께 재생될 수 없습니다. 이것들을 만드는 유리는 그 종류가 달
라서 유리병, 유리용기와 같이 녹일 수 없습니다.

친구와 함께 해보세요

- 친구들에게 유리병을 재활용할 수 있는 멋진 방법을 인터넷으로 보여
주세요. maisonsdebouteilles.com/gallery.cfm을 방문하면 유리로 만
든 집을 볼 수 있습니다. 이곳은 캐나다의 프린스 에드워드 섬(Prince
Edward Island)에 있습니다.

- 태국에 있는 왓 파 마하(Wat Pa Maha) 사찰의 사진도 보여주세요. 이곳
은 100만 개 이상의 유리병으로 지어진 곳입니다. inhabitat.com/2008
/10/27/temple-of-a-million-bottles를 방문하세요.

관련 인터넷 사이트

- (사)한국유리병재활용협회 http://www.kgbra.or.kr
- (사)한국생활자원재활용협회 http://recycle.or.kr
- 재활용의 경제효과 http://recycle.or.kr/helper

2. 플라스틱 병을 재활용하세요

목이 마를 때는 시원한 물이 최고죠. 그런데 이때 여러분이 마시는 것이 파는 샘물이라면 여러분과 지구환경 둘 다에 좋지 않습니다. 일부 파는 샘물에는 특히 어린이에게 해로운 화학약품이 사용됩니다.

그런데 무엇보다도 중요한 것은, 파는 샘물에 쓰이는 플라스틱 병을 만드는 데는 어마어마한 양의 석유가 들어간다는 점입니다. 그리고 샘물이 여러분에게 오는 데도 에너지가 소비됩니다. 우리는 어떨까요? 일단 마시면 그 병을 그냥 버립니다.

이렇게 지구의 자원을 낭비하면서 우리가 얻는 것은 과연 무엇일까요? 수도꼭지만 틀면 나오는 것과 똑같은 물에 우리는 어마어마한 낭비를 하고 있는 것입니다.

알고 있나요?

● 파는 샘물의 40%는 수돗물과 같은 상수원을 이용합니다. 그러나 수돗물은 파는 샘물보다 더 자주 수질을 조사합니다. 따라서 수돗물은 마시는 데 안전합니다.

● 20년 전만 해도 파는 샘물은 거의 없었습니다. 오늘날 미국인들은 1시간마다 150만 개 이상의 물병을 버리고 있습니다. 재활용이 그리 어려

운 것이 아닌데도 말입니다.

● 물병이 재활용 가능 제품인지는 물병에 붙은 재활용 마크를 보면 알 수 있습니다. 분리배출 표시는 3개의 화살표로 이루어진 삼각형으로 가운데에 아래와 같이 철, 알루미늄, 유리, 종이팩, 페트 등의 재질을 표시하게 된다. 재질의 구분은 도안 내부에 문자로 표시됩니다.

● 플라스틱 : PET, HDPE, LDPE, PP, PS, PVC, OTHER

  금속 : 철, 알루미늄

  종이 : 종이, 종이팩

  유리 : 유리

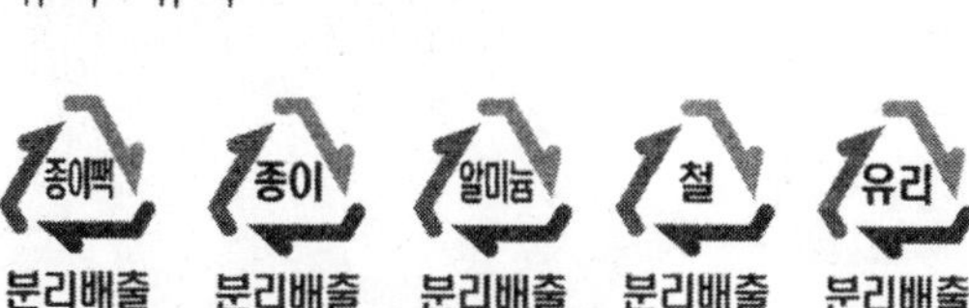

이렇게 하세요

집에서

● 학교에 갈 때 파는 샘물 대신 수돗물을 갖고 가세요.

● 집의 수돗물 맛이 이상하다면 수도꼭지에 필터를 달도록 하세요. 큰 차이를 느낄 수 있습니다.

● 어떤 플라스틱 병이든, 일단 사용한 것은 재활용하세요. 7장을 참고하

여 여러분이 사는 지역 재활용 센터를 이용하세요.

학교에서

● 미국의 한 학교에서는 '플라스틱 병 재활용 프로그램'을 실시하고 있습니다. 이 학교에서는 2개월 만에 9,200개의 플라스틱 병을 수거했다고 합니다. 이 프로그램이 너무나 성공적이어서 현재는 그 지역의 다른 학교들도 실시하고 있습니다. 여러분도 한번 시작해 보세요.

친구와 함께 해보세요

플라스틱 병을
재생하여 옷
(eartheasy.com/
wear_ecospun.htm),
카펫(npr.org/
templates/story/
story.php?storyId=10874230)
등이 만들어지는 모습을 친구들에게
보여주세요.

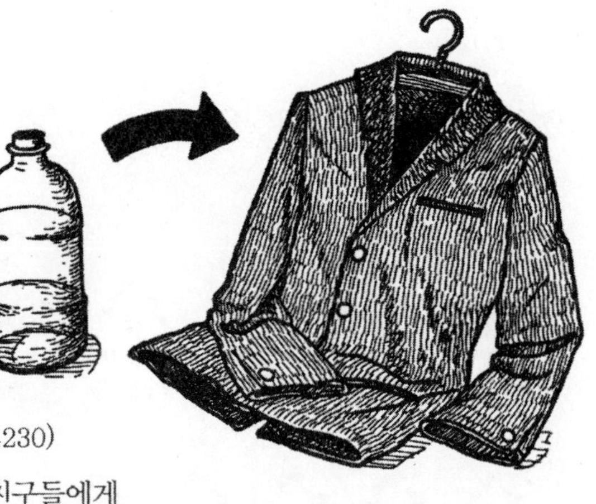

관련 인터넷 사이트

● (사)한국플라스틱재활용협회 http://my.korcham.net/kpra
● (사)한국플라스틱자원순환협회 http://www.pra.or.kr
● 재활용 플라스틱거래소 http://cafe.daum.net/plastic4989

3. 알루미늄 캔도 재활용하세요

여러분이 마시는 음료수를 담기 위해서는 캔이 필요합니다. 음료수에 쓰이는 캔은 원래 지구의 자원이었습니다. 음료수 캔은 알루미늄으로 만드는데, 인간에게 매우 귀중한 자원입니다.

알루미늄은 음료수 캔 이외에도 비행기, 자동차, 자전거, 건축 자재 등 많은 부분에 사용됩니다. 알루미늄은 땅속에 묻혀 있는데, 그 양은 한정되어 있습니다. 그래서 가능한 한 아껴서 써야 합니다. 자원을 보존하는 가장 좋은 방법은 이미 사용한 자원을 계속 재활용하는 것입니다.

알고 있나요?

- 미국에서는 매년 1,000억 개 이상의 음료수 캔이 사용되며, 이 중 반 이상이 재생 및 재활용되고 있습니다. 그렇게 나쁜 수치는 아니지만, 가능하면 모두 재생되는 것이 좋겠죠?
- 알루미늄이 재활용 및 재생되는 과정은 다음과 같습니다. 음료수 캔은 다른 캔 제품들과 함께 공장으로 보내지고, 거기에서 이것들을 갈아서 작은 금속조각으로 만듭니다. 그리고 이것들을 녹여 막대 모양의 알루

미늄으로 재생되는 것이죠.

● 막대 모양의 알루미늄을 롤러에 넣으면 납작한 알루미늄 판이 됩니다. 캔을 만드는 회사가 이 알루미늄 판을 사서 캔을 만드는 것이죠.

● 알루미늄 캔을 녹여서 다시 새로운 알루미늄으로 만드는 것은 몇 번이고 반복이 가능합니다. 여러분이 지금 마시는 음료수의 캔이 몇 년 전에는 다른 제품에 쓰였던 캔일 수 있습니다.

● 알루미늄을 만드는 데는 많은 에너지가 들어갑니다. 따라서 이것을 재생하는 것은 에너지를 아끼고 자원도 절약하는 것입니다. 알루미늄 캔 하나를 재생함으로써 절약되는 에너지는 TV를 3시간 동안 켤 수 있는 양입니다.

이렇게 하세요

집에서

● 유리병을 재활용하는 것과 같은 방법으로 알루미늄 캔도 재활용하세요.

● 캔을 씻어 개미가 들어가지 않게 한 다음, 말립니다. 그리고 다 마르면 캔을 납작하게 만드세요. 그 다음 분리수거 날짜가 될 때까지 미리 마련한 분리수거 상자에 넣어 둡니다.

● 잊지 마세요. 깨끗한 알루미늄 호일 및 알루미늄 접시도 재생될 수 있습니다.

학교에서

● 학교에서 반 친구들과 함께 알루미늄 캔을 모으세요. 여러분의 행동은
지구의 귀중한 자원을 보존하는 것이고, 용돈도 버는 것입니다.

● 미국에서는 이미 많은 학교 학생들이 캔을 모으고 있습니다. 예를 들어
볼까요? 샌그리 리지 초등학교의 3학년생들은 그 지역에서 알루미늄
캔을 모으기 시작했습니다.

● 큰 쓰레기봉투로 18개 분량을 모아 지역 재활용 업자에게 팔았습니다.
그리고 그 돈을 마실 물이 없어 고생하는 아프리카의 한 마을에 기부를
하였고, 그 마을사람들은 덕분에 우물을 만들 수 있었습니다. 여러분이
돕고 싶은 사람이 있다면 캔을 모으는 일부터 시작하세요.

친구와 함께 해보세요

사람들이 매년 얼마나 많은 알루미
늄 캔을 버리는지 살펴보세요.

● 친구와 함께 마트에 가서 알루
미늄 캔으로 된 음료수와 맥주
가 있는 곳을 살펴보세요. 그리
고 그것들을 세어 보고, 진열되
지 않은 것까지 세려면 얼마나
많은 시간이 걸릴지 상상해 보세요.

● 다 세었으면 지금까지 세었던 캔들을 다시 한 번 보세요. 한 사람이 매
년 그렇게 많은 캔을 사용하고 있답니다.

● 그 캔들을 모두 버리는 모습을 상상해 보세요. 얼마나 낭비일지 상상이
가세요? 이번에는 그 캔들을 버리지 않고 재활용한다고 상상해 보세요.
한결 나은 모습이겠죠?

관련 인터넷 사이트

- 한국환경자원공사 재활용홍보교육관 http://ecoplaza.envico.or.kr
- 생활속의 재활용: 폐품으로 생활용품 만들기

  http://ecoplaza.envico.or.kr/main/Eco_Main.jsp
- 나의 환경실천지수

  http://ecoplaza.envico.or.kr/main/Eco_Main.jsp

4. 사기 전에 미리 생각하세요

읽기 전에 생각해 보기

우리가 사서 버리는 비닐 및 플라스틱의 반 이상은 포장에 쓰이는
것입니다. 버려진 비닐이나 플라스틱 포장용품은 어떻게 될까요?
① 분해되지 않고 지구를 오염시킨다 ② 일어나 춤을 춘다 ③ TV를 본다
답: ① (비닐과 플라스틱 찌꺼기는 최소 수천 년간
남아 지구를 오염시킵니다.)

비닐이나 하드보드로 포장된 제품을 살 때, 여러분이 물건뿐만 아니라 쓰레기도 돈을 내고 사고 있다는 생각을 해본 적이 있나요? 이상하게 들릴지 모르지만, 이는 분명 사실입니다. 포장지를 뜯은 후에는 그걸 쓰레기통에 버리기 때문이죠.

비닐과 플라스틱 포장지는 지구의 가장 귀한 자원인 석유로 만듭니다. 석유는 수백만 년간 땅속에 묻혀 있던 보물이고, 어쩌면 아주 오래전에는 공룡의 일부였을 수도 있습니다.

일단 석유를 비닐이나 플라스틱으로 만들면, 이것을 다시는 석유로 되돌리 수 없습니다. 다시는 예전처럼 지구의 숨겨진 보물이 될 수 없는 것이죠.

따라서 여러분이 장난감이나 먹을 것 등을 살 때는 지구를 도울 수도 있는 좋은 기회가 되는 셈입니다. 주위를 둘러보세요. 여러분이 살려는 물건이 무엇으로 포장되었는지 신중히 살피고 선택하세요. 여러분은 할 수 있습니다.

알고 있나요?

- 미국인 1명은 연간 27kg이 넘는 비닐 및 플라스틱 포장지를 버립니다. 여러분의 몸무게와 비교해 보면 이것이 얼마나 많은 양인지 짐작이 갈 것입니다.

- 우리가 버리는 쓰레기 중 1/3이 포장에 사용되었던 것들입니다.

- 지금까지 만들어졌던 모든 플라스틱과 비닐은 여전히 지구에 남아 있습니다. 여러분의 엄마가 어렸을 때 샀던 포장지가 아직도 남아 있습니다. 쓰레기 매립장 어딘가에 있거나 바다를 떠다니고 있겠죠.

이렇게 하세요

- 프리사이클링(precycling)이라는 말이 있습니다. 이것은 무언가를 사기 전에 미리 환경을 생각하자는 의미입니다. 어떤 물건을 살 때, 그것을 사면 얼마나 많은 포장지를 쓰레기로 버려야 할지 생각해 보세요.

- 되도록 재사용, 또는 재활용이 가능한 포장지로 된 제품을 선택하세요.

- 더 좋은 방법도 있습니다. 제품의 포장지가 재활용, 또는 재생 재료로 만든 것을 사도록 하세요. 예를 들어, 계란을 담은 하드보드 포장지는 거의 모두 재생종이로 만듭니다. 이것은 여러분이 다른 용도로 쓰기에도 좋습니다. 예를 들면 씨앗을 심는 화분 대용으로 아주 좋습니다.

- 음식물을 살 때는 벌크(낱개로 포장되지 않고 여러 개가 한 묶음인 것)로 사도록 가족들에게 말하세요. 쥬스를 살 때도 작은 것으로 2개를 사는 것보다는 큰 것으로 하나를 사는 것이 좋습니다. 그만큼 포장지로 인한 쓰레기가 덜 발생하니까요.

친구와 함께 해보세요

여러분의 친구도 다른 사람들처럼 자신이 얼마나 많은 포장지를 쓰는지 모를 겁니다. 그럼 친구에게 큰 자루를 하나 마련하여 1주일간 집에서 발생하는 포장 쓰레기를 모두 모아 보라고 말하세요. 그렇게 모은 포장 쓰레기 양을 보면 아마 매우 놀랄 겁니다. 여러분도 해보세요.

관련 인터넷 사이트

- 자원순환사회연대 http://waste21.or.kr/1

5. 버리지 말고 나누세요

우리가 버리는 물건 중 재활용이 가능한 것은 얼마나 될까요?
① 없다(쓰레기는 아무짝에도 쓸모없다) ② 아주 조금 ③ 반 이상
답: ③ (축구장을 가득 메울 만큼 많은 쓰레기가 매일 쌓이고 있습니다.)

여러분에게 필요치 않은 물건을 남에게 주어서 돕고, 동시에 지구환경에도 도움이 된다면 정말 멋지겠죠? 필요치 않은 물건을 쓰레기장으로 보내는 대신 보관할 곳을 하나 마련하세요.

이제는 하지 않는 옛날 보드게임, 동화책, 퍼즐게임 등을 버리지 말고 모아두었다가 다른 사람에게 주는 것이죠. 그러면 여러분은 지구환경을 보호하면서 다른 사람도 돕는 셈입니다.

알고 있나요?

- 우리가 쓰는 모든 물건은 지구의 자원으로 만듭니다. 따라서 여러분에게 필요 없는 물건이라 해도 여전히 가치가 있습니다.
- 그런 물건들을 버리지 말고 다른 사람에게 줌으로써 쓰레기 발생을 적게 하고 귀중한 자원도 절약할 수 있습니다.
- 구세군 등의 단체에서는 다른 사람이 이미 사용한 물건을 걷어서 되팔

기도 합니다.

● 일부 도서관은 새 책을 구입할 자금 마련을 위해, 중고서적을 모아 판매하는 행사를 열기도 합니다. 또한 여러분이 갖고 있는 중고서적을 다른 책과 교환할 수 있는 중고서적 전문 서점도 있습니다.

● 여러분이 갖고 있던 게임이나 장난감은 병원이나 어린이 단체에 기증할 수도 있습니다.

이렇게 하세요

집에서

● 옷장, 다락방, 지하실, 침대 밑을 뒤져 보세요. 여러분에게는 더 이상 필요치 않지만, 다른 사람들은 좋아할 물건을 찾으세요.

● 그런 물건들을 보낼 곳을 찾으세요. 전화번호부와 인터넷을 검색하여 여러분 지역에 있는 병원, 도서관, 구세군 등의 단체를 찾아 전화를 하거나 이메일을 보내세요.

● 일부 재활용센터에서는 헌옷이나 책을 다른 사람들에게 전달하기도 합니다. 이것을 '프리사이클링(freecycling)' 이라고 합니다. 재활용(recycling)으로 모은 물건을 무료(free)로 나눠준다는 의미가 합해진 말입니다.

● 안 쓰는 물건을 처분하는 행사를 여세요. 동네에 '안 쓰는 물건 팝니다' 라는 안내문을 붙이고 거기에 여러분의 집주소와 전화번호를 적는 겁니다. 처분하려는 물건의 목록도 함께 적으

FOR
SALE

면 좋겠죠. 가능하다면 대문 앞에 여러분이 처분하려는 물품을 진열하세요. 용돈도 벌고 재활용도 할 수 있는 좋은 방법입니다.

학교에서

● 친구와 책을 바꿔서 보세요. 가능하다면 반 전체가 함께 참여하도록 주도하세요. 특정한 요일을 정해, 자신에게 필요치 않은 책을 갖고 오도록 하여 서로 교환하는 겁니다.

● 반 친구들과 함께 '나눔 행사'를 계획하세요. 동네에서 중고물품을 모아서 팔고, 그 돈으로 어려운 사람들을 돕는 겁니다.

관련 인터넷 사이트

● (사)환경사랑나눔회 http://www.ecosharing.com

● 녹색환경운동모임 http://www.greenem.or.kr

● 전국녹색가게 운동협의회 http://www.greenshop.or.kr

● 한국그린피아연맹 http://www.greenpiaunion.co.kr

6. 쓰고, 다시 쓰고, 또 쓰세요

읽기 전에 생각해 보기

미국인들이 하루에 버리는 1회용 면도기는 얼마나 될까요?
① 4,500개 ② 4만 5,000개 ③ 45만 개
답: ③ (어마어마한 숫자죠?)

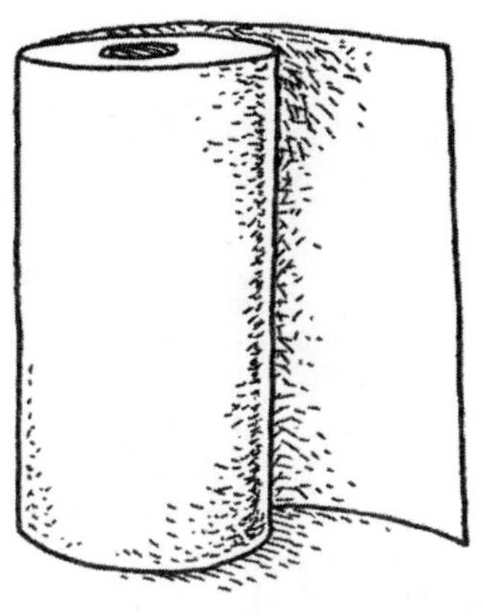

여러분이 태어나기 훨씬 이전, 그러니까 여러분의 할아버지가 어렸을 때는 종이타월이나 종이냅킨이 없었습니다. 천으로 된 수건을 사용했죠. 그때는 1회용이란 존재하지 않았고, 사람들은 물건을 쓰고 또 썼습니다. 아마 그 당시 사람들은 한 번 쓰고 버리는 1회용 제품은 상상도 못했을 겁니다.

그러나 오늘날에는 한 번 쓰고 버리는 1회용 제품이 너무나 많습니다. 알루미늄 호일, 비닐봉지, 종이봉지, 음식을 보관할 때 쓰는 랩 등이 모두 1회용이죠.

우리는 지금 지구의 자원을 쓰레기통으로 버리고 있는 것입니다. 이런 낭비를 조금이라도 줄일 수 있다면, 큰 변화가 생길 겁니다.

알고 있나요?

● 우리는 매년 수억m가 넘는 종이 타월을 사용합니다. 이는 무게로 따지면 하루에 3,000톤이나 됩니다. 얼마나 많은 나무가 희생되는지 상상이 가세요?

● 미국인들은 하루에 거의 5,500만 개의 종이클립을 사용합니다. 1년이
면 200억 개를 사용하는 셈입니다.

● 미국인들은 1년에 3억 5,000만 개의 1회용 라이터와 20억 개의 1회용
면도기를 구입하고 버립니다. 수백 만kg의 플라스틱 제품이 공장에서
만들어져서 쓰레기가 되는 것입니다.

이렇게 하세요

● 세면대 옆에는 천으로 된 수건을 놓아두세요. 손을 씻은 다음에는 종이
가 아닌, 천으로 된 수건을 사용하는 겁니다.

● 비닐봉지는 나뒀다가 다시 사용하세요. 비닐봉지가 더러우면 뒤집어서
깨끗이 씻은 다음 널어서 말리세요.

● 알루미늄 호일도 다시 쓸 수 있습니다. 깨
끗이 씻어서 말린 다음 보관해 두세요. 다시 쓸

수 없다면 다른 알루미늄 제품들과 함께
재활용하세요.

● '걸레통'을 하나 마련하세요. 낡고 헌 옷
이나 천을 여기에 두었다가, 집안일
이나 미술 소품으로 활용하세요.

- 이면지를 활용하
  세요. 다 쓴 종이
  를 모아, 크기가
  다르면 같은 크
  기로 자르세요.
  쓰지 않은 면이 위
  로 가도록 10~20장을
  스테이플로 찍으세요.

- 재활용하거나 나중에 필요할
  지 모를 작은 물건들을 보관하기 위해 서랍 한 칸을 비워 두세요. 마땅
  한 서랍이 없다면 작은 박스도 괜찮습니다. 종이클립, 옷핀, 고무줄 등
  등을 여기에 보관하면 좋습니다. 가족에게 말해서 같이 이용하도록 하
  세요.

친구와 함께 해보세요

친구와 함께 집, 학교 등에 1회용 제품이 얼마나 많은지 찾아보세요. 한 번
쓰고 버리는 1회용이 얼마나 많은지 친구도 알고 싶어 할 겁니다. 이렇게 1
회용 제품을 찾았으면, 그것을 만든 재료를 연관시켜 상상해 보라고 하세
요. 휴지라면 나무를, 비닐봉지라면 석유를 상상하는 겁니다. 알루미늄 호
일이라면 땅에 묻힌 귀중한 광물로 상상하는 것이죠. 그러면 우리가 함부
로 버리는 1회용 물품들이 보다 중요한 자원임을 알게 될 거예요.

관련 인터넷 사이트

- 1회용품 줄이기 http://one.me.go.kr

- 폐품으로 생활용품 만들기 http://recycle.or.kr/helper/helper6.PHP

- 쓰레기제로운동매뉴얼 http://ecobuddha.org/activity/activity12.html

7. 재활용센터를 찾으세요

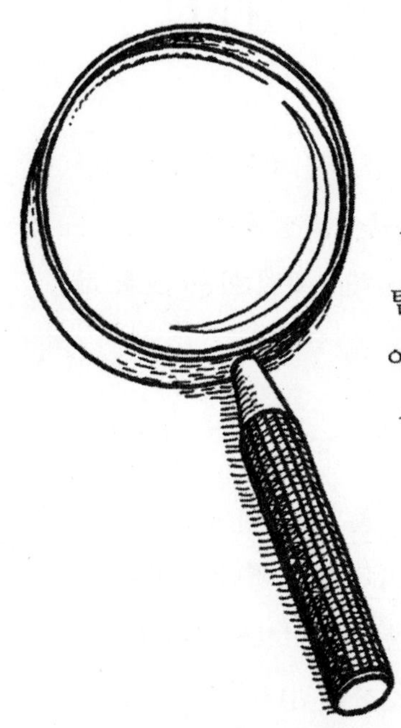

여러분이 뛰어난 탐정이라고 상상해 보세요. 그리고 여러분의 가족이 가능하면 모든 물건을 재활용하려 하는데, 어떻게 해야 할지 모른다고 상상해 보세요. 이때 여러분이 탐정이 되어 동네 재활용센터가 어디에 있는지, 어떤 물품을 재활용할 수 있는지 등에 대한 정보를 가족들에게 줄 수 있습니다.

어떻게 하냐고요? 탐정처럼 단서를 찾고, 적절한 질문을 하면 되는 겁니다. 그러면 원하는 정보를 찾을 수 있죠.

알고 있나요?

탐정이 해야 할 3가지 임무

임무 1 : 재활용품 수거함이 있는지 찾아보세요.

많은 지역사회에서는 재활용품 수거함을 설치하며, 정기적으로 이를 수거해 갑니다.

임무 2 : 가장 가까운 재활용센터를 직접 방문하세요.

재활용품 수거함이 없다면 직접 재활용센터로 물품을 가져가야 합니다. 재활용품 수거함이 있다 해도 재활용센터의 위치를 알아두는 것이 좋아요. 재활용품 수거함에 넣을 수는 없는 물품도 있기 때문이죠.

임무 3 : 재활용이 가능한 물품과 그렇지 않은 물품이 무엇인지 알아 두세요.

일단 재활용센터와 재활용품 수거함의 위치를 알았다면, 어떤 물품을 취급하고 그렇지 않은지도 알아야 합니다. 그리고 여러분이 어떻게 물품을 가져가야 좋은지도 알아 두세요.

이렇게 하세요

● 동네에 재활용품 수거함이 있는지를 아는 방법은 간단합니다. 부모님, 동네 사람들, 또는 선생님께 여쭤 보는 겁니다. 물론 폐품을 수집하는 어른들께 물어도 되죠.

● 이렇게 물었는데도 아무도 모른다면, 구청이나 동사무소에 전화해서 물어 보세요.

● 구청 및 동사무소 전화번호는 인터넷이나

전화번호부를 이용하면 됩니다.

● 지역 재활용센터의 전화번호도 인터넷을 이용하면 알 수 있습니다. 전화번호를 알았으면 1) 위치가 어디인지, 2) 몇 시부터 문을 여는지, 3)

취급하는 물품이 무엇인지, 4) 가져갈 물건을 특정한 방법으로 분류하거나 따로 작업해야 할 것이 있는지 등을 물어 보세요.

● 돈을 받을 수 있는 물품(알루미늄 제품 등)이 있는지도 물어 봅니다.

● 전화 내용은 잊지 않도록 메모를 해 두세요. 그래야 가족들에게도 정보를 줄 수 있으니까요.

● 제일 중요한 것은, 재활용센터에서 취급하는 물품을 목록으로 작성하는 것입니다. 그래야 학교와 집에서 재활용할 수 있는 물품이 무엇인지 쉽게 확인할 수 있습니다.

관련 인터넷 사이트

● 아름다운 가게 http://www.beautifulstore.org

● 중고가구가전 재활용센타연합 http://www.zungo.co.kr

● 그밖에도 각 지역구마다 재활용센터가 있어 인터넷에서 검색하면 쉽게 찾을 수 있다.

8. 스티로폼은 안돼요

'스티로폼' 이라는 말을 모르는 어린이도 있겠지만, 어떻게 생긴 것인지는 보면 알 수 있습니다. 스티로폼은 1회용 그릇, 제품을 포장할 때, 배달하는 음식의 온도를 따뜻하게 유지할 때 등에 널리 쓰입니다. 많은 패스트푸드점에서 햄버거를 이 스티로폼에 포장합니다.

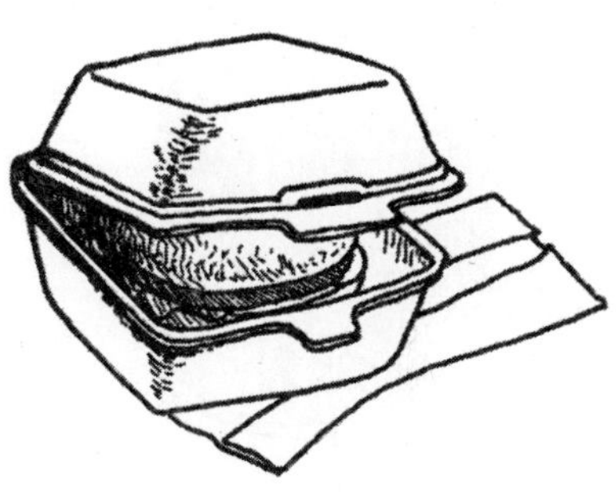

스티로폼도 플라스틱처럼 석유를 이용해 만듭니다. 따라서 지구에 수십억 년 동안 묻혀 있던 자원을 이용하는 것입니다.

우리는 이처럼 귀중한 자원으로 만든 스티로폼을 어떻게 대하고 있을까요? 패스트푸드 음식점 쓰레기통을 한번 살펴보세요. 쓰레기통에 버려진 스티로폼 제품들이 지구의 귀중한 자원이라는 생각이 드시나요? 이미 쓰레기통에 버려지면 더 이상 귀중한 자원이 될 수 없습니다.

스티로폼을 사용한다는 것은 귀중한 자원을 사용한다는 의미가 됩니다. 그리고 쓰레기를 더 만들어 낸다는 의미도 되죠. 여러분은 이런 상황을 바꾸고 싶지 않나요? 여러분과 지구가 보다 나은 대접을 받아야 한다고 생각하지 않나요?

알고 있나요?

● 스티로폼은 계속 쓰레기로 남습니다. 다시는 지구의 일부가 될 수 없는 것이죠. 500년 후, 한 소년이 뒷마당을 파다가 여러분이 음료수를 마시는 데 사용하고 버린 스티로폼 컵을 발견할지도 모릅니다.

● 스티로폼은 동물들에게도 위험을 안겨 줍니다. 바닷물에 떠다니는 스티로폼을 자신들의 먹이로 착각할 수 있거든요. 이것을 먹은 물고기와 생물은 곤란을 겪게 됩니다. 예를 들어 스티로폼을 먹은 바다거북은 잠수를 할 수 없게 되고, 결국 굶어죽게 됩니다.

이렇게 하세요

● 스티로폼 사용을 자제하세요. 스티로폼 제품은 오존층을 파괴하는 화학제품으로 만들어집니다.

● 패스트푸드점에서 식사를 할 경우, 종이컵과 종이접시에 음식을 달라고 요구하세요. 만일 종이컵과 종이접시가 없다면, 스티로폼 제품을 사용해서는 안 되는 이유를 말해 주세요. 그 식당의 음식을 좋아하는 것만큼이나 지구환경을 해치고 싶지 않다는 것도 덧붙이세요.

● 스티로폼으로 만든 1회용 컵, 접시 등은 사용하지 않도록 노력하세요.

관련 인터넷 사이트

● 생활폐기물 분해기간 http://recycle.or.kr/helper/helper5.PHP

9. 지렁이를 키워 보세요

여러분은 식사 때마다 음식을 조금이라도 남기나요? 그러면 그 남은 음식을 어떻게 하나요? 이상하게 들릴지 모르겠지만, 남은 음식물을 버리지 마세요. 남은 음식물을 이용하여 기름진 토양을 만들 수 있으니까요. 기름진 토양이야말로 지구가 가진 가장 귀중한 보물입니다.

기름진 토양을 만들고, 거기에 식물을 기를 수도 있어요. 이것을 퇴비라고 합니다. 아주 간단하기 때문에 누구나 할 수 있습니다.

알고 있나요?

● 나뭇잎, 잘라낸 잔디, 음식물 찌꺼기로 퇴비를 만들 수 있습니다. 대부분의 유기물 쓰레기(유기물이란 살아 있는 생명체로 만든 것을 말합니다)는 퇴비로 만들 수 있습니다.

● 우리 주변에는 유기물 쓰레기가 매우 많습니다. 가정에서 버리는 쓰레기의 반 이상이 유기물 쓰레기입니다.

● 우리는 연간 540kg이 넘는 유기물 쓰레기를 버리고 있습니다. 여러분 몸무게가 45kg이라면, 여러분 몸무게의 12배를 매년 버리는 것이죠.

● 쓰레기로 버리는 대신 퇴비를 만든다면, 토양도 기름지게 하고 쓰레기
도 해결하는 것입니다.

이렇게 하세요

퇴비를 만드는 방법을 몇 가지 소개해 드립니다.

● 혼자 하는 방법 : 가장 간단한 방법은 나뭇잎과 잔디 잘라낸 것을 마당
구석에 쌓아 두는 것입니다. 얼마 후면 나뭇잎과 잔디 더미는 흙이 됩
니다.

● 어른과 함께 하는 방법 : 저장소를 하나 지어서, 거기에 유기물 쓰레기를
모아 둡니다. 가끔씩 모아 둔 유기물 쓰레기를 뒤집어 줍니다. 그리고
쓰레기가 흙이 되는 과정을 지켜보세요. 다음 페이지에 소개된 웹사이
트를 통해 어떤 음식물 쓰레기가 퇴비를 만드는 데 가장 적합한지 등에
대한 정보를 얻으세요.

● 학교에서 : 모든 학교에서 급식 등으로 인해 엄청난 양의 음식쓰레기를
배출합니다. 그 중 대부분은 그냥 버려지죠. 그러나 미국의 많은 학교
에서 음식물 쓰레기로 퇴비를 만들기 시작하고 있습니다. 그 중에서도
맨스필드 중학교는 웹사이트까지 만들어 다른 학교에 퇴비 만드는 방
법을 알리고 있습니다. mansfieldct.org/schools/mms
/compost를 방문하시면 자세한 정보를 알 수 있습니다.

친구와 함께 해보세요

친구들에게 퇴비를 만드는 가장 재미있는 방법은 지렁이
를 이용하는 것임을 알려 주세요. 지렁이는 퇴비

를 만드는 가장
훌륭한 생명체입
니다. 지렁이는
썩은 음식을 먹
고, 기름진 흙을
배출하죠. 농담처
럼 들리겠지만 사
실입니다.

**지렁이를 이용해 퇴
비를 만드는 방법은
다음과 같습니다.**

● 가로 세로 60cm 정도의 나무상자를 만드세요. 깊이는 20cm 정도면 됩
  니다.

● 상자 바닥에는 종잇조각이나 나뭇잎 등을 깔아서 습기가 있도록 해줍
  니다.

● 동네 양어장이나 낚시가게 등에서 지렁이를 구입하여 상자에 넣습니다.

● 지렁이 무게의 반 정도에 해당되는 음식물 쓰레기를 넣습니다(지렁이를
  전부 합한 무게가 100그램이라면 음식물 쓰레기는 50그램이 됩니다). 그러면
  지렁이 숫자는 곧 두 배로 늘어납니다.

● 흙을 2줌 정도 넣습니다. 먹고 남은 음식물 쓰레기를 넣되, 고기, 뼈, 유
  제품(우유, 치즈 등), 기름기 있는 음식, 소화하기 힘든 음식물(식물 씨앗
  등)은 넣지 마세요. 음식물을 넣고 골고루 섞은 후 그냥 놔두면 됩니다.

관련 인터넷 사이트

● 지렁이랑 놀자 http://home.postech.ac.kr/~kangnaru/aleicia

- ● 즐거운과학세상 사이언스올 http://www.scienceall.com
- ● 지렁이 퇴비화 http://ecobuddha.org/activity/activity3.html
- ● 지렁이를 이용해 음식물쓰레기 재활용하는 남아프리카공화국
  http://www.scienceall.com/issue/plan.sca?todo=subView
  &articleid =5138&bbsid=17

제 3 부

소중한

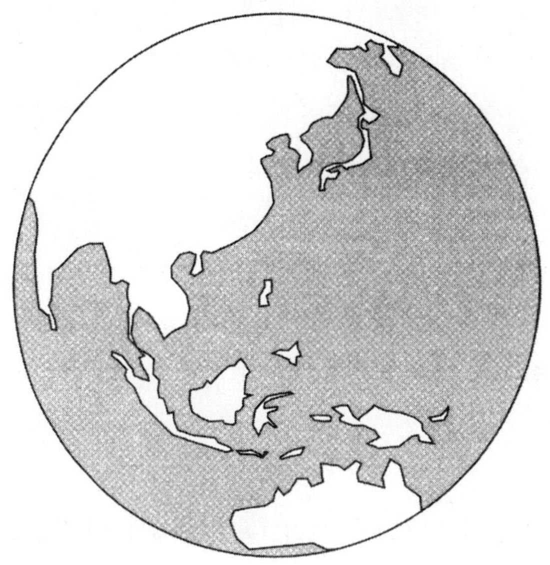

물

물에 대한 생각

물이 없는 생활을 한번 상상해 보면 물이 우리에게 얼마나 소중한 것인지 깨닫게 됩니다. 다음을 한번 생각해 보세요. 해마다 지구의 인구는 점점 늘어나고 있는데, 물의 양은 예나 지금이나 같습니다. 이 말은 사람들에게 돌아갈 물의 양이 옛날보다 적다는 뜻입니다. 또 식물과 동물이 이용할 수 있는 물의 양도 옛날보다 적다는 의미가 되죠.

그런데도 우리는 물을 낭비하고 있습니다.

인간은 오랫동안 지구의 물을 끝없이 사용할 수 있는 것처럼 행동해 왔습니다. 물을 어떻게 사용해야 하는가는 전혀 중요하지 않았죠. 그러나 지금은 그렇지 않다는 것을 압니다. 따라서 우리는 물을 지키기 위한 행동을 해야 합니다.

제2부에서는 강, 호수, 시냇물, 그리고 바다를 지키고 보호하기 위한 쉬운 방법들을 알아보겠습니다.

물이 새는 곳을 찾아 물을 아끼고, 해변과 시냇가를 청소하는 등 이 책에서 알려주는 방법들을 통해, 여러분은 물을 공급하는 데 있어 긍정적인 영향을 끼치게 될 것입니다. 그리고 재미도 느낄 것입니다.

10. 물이 새는 곳을 찾으세요

읽기 전에 생각해 보기

수도꼭지에서 새는 물을 10분간 받았을 때 커피잔 하나 정도의 양이라면,
이 물을 1년간 받으면 얼마나 될까요?
① 한 컵 분량 ② 욕조 하나 분량 ③ 욕조 52개 분량
답: ③ (욕조 52개를 채울 수 있는 양이 됩니다. 매주 욕조 하나를
1년 내내 채울 수 있는 양이죠.)

어린이 여러분! 여러분 집 안에 물이 새는 곳이 있는지 찾아보세요. 벽 속, 수도꼭지, 변기, 집밖으로 연결된 호스 등 눈에 잘 띄지 않는 곳에서 물이 새고 있을지 모릅니다.

이처럼 눈에 잘 띄지 않는 곳에서 물이 새는지 찾아서 그걸 막는 것이 여러분의 임무입니다.

알고 있나요?

- 물은 아주 조금씩 새는 것도 큰 낭비가 됩니다. 10분간 커피잔 하나를 채울 정도의 새는 물을 1년간 합하면 1만 1,356ℓ가 넘습니다.

- 이건 어느 정도의 양일까요? 매일 65잔의 물을 1년간 마실 수 있는 양입니다.

- 미국 평균 가정에서 새는 물로 인해 매일 낭비되는 물은 83ℓ 정도입니다.

- 물이 새는 가장 많은 곳은 수도꼭지와 변기입니다. 약 20%의 변기가

지금 이 순간에도 물이 새고 있는데, 대부분은 이 사실을 모르고 있습니다.

이렇게 하세요

집에서

● 집에서 물이 새는 곳이 있는지 찾아보세요. 우선 부모님께 수도계량기 읽는 법을 알려달라고 하세요. 수도계량기는 보통 지하실 구석, 담벼락, 길 옆 등에 있는데, 시멘트나 금속 뚜껑으로 덮여 있습니다.

● 가족 모두가 외출한 때, 즉 아무도 수도를 쓰지 않는 때를 이용하세요.

● 가족들과 외출하기 전에 수도계량기 수치를 적어 두세요. 그리고 집에 돌아와서 다시 수도계량기를 읽어 보세요. 외출하기 전과 비교해서 수치가 변했다면 집 어딘가에서 물이 새는 것입니다. 이걸 부모님께 말씀드리세요.

학교에서

● 미국의 한 초등학교에서는 학교 내에서 새는 물 때문에 얼마나 많은 물이 낭비되는지를 몇몇 학생이 조사하고 분석했다는 뉴스가 있었습니다. 여러분도 이 학생들처럼 여러분의 학교에서 물이 새는 곳을 찾아보세요.

● 이 학교의 학생들은 자신들이 발견한 문제점을 적어 학교관계자들에게 편지를 보내면서, 해결해 줄 것을 요청했습니다.

● 여러분도 이 학교 학생들처럼 할 수 있습니다. 선생님께 학교에서 물 새는 곳이 있는지 찾을 탐험대를 만들어 달라고 요청하세요. 그리고 수도꼭지, 변기, 건물 밖으로 연결된 호스 등에서 물이 새는지 찾아보세요.

친구와 함께 해보세요

변기에서 물이 새는지를 알 수 있는 쉬운 방법이 있습니다. 친구들과 함께 해보세요.

● 변기 물받이 뚜껑을 여세요. 열기 어려우면 어른에게 부탁하세요. 그리고 물받이 안에 파란색이나 빨간색 식용염료 12방울을 떨어뜨리세요.

● 그리고 15분 정도 기다리세요. 기다리는 동안 변기를 사용해서는 안 됩니다.

● 시간이 다 됐으면 변기 안을 들여다보세요. 변기의 물에 색깔이 생겼다면 지금 물이 새고 있다는 뜻입니다. 꼭 부모님께 이 사실을 말씀드리세요. 물도 절약하고 수도세도 절약하는 겁니다.

관련 인터넷 사이트

● 쓰레기제로운동매뉴얼-물 http://ecobuddha.org/activity/activity12.html?sm=v&p_no=13&b_no=1097&page=1

11. 물을 그냥 흘려버리지 마세요

양치질을 할 때마다 옛날처럼 펌프질을 하거나 우물물을 퍼야 한다고 상상해 보세요. 정말 힘들겠죠? 옛날과 비교하면 지금은 생활이 참 편리해졌습니다. 수도꼭지만 틀면 얼마든지 물이 나오니까요. 이처럼 쉽게 물을 얻을 수 있게 되면서, 사용하지도 않는 물을 그냥 하수구로 흘러가도록 아무 생각 없이 내버려 둡니다. 물을 절약하기 위한 여러분의 실천이 필요합니다. 더 이상 사용하지 않는 물이 하수구로 흘러가도록 하지 마세요.

알고 있나요?

● 물이 수도꼭지에서 나오는 속도는 여러분이 생각하는 것보다 빠릅니다. 예를 들어 물이 마시기 좋게 시원하도록 기다리는 동안 900㎖짜리 큰 우유곽을 12개나 채울 수 있습니다.

● 물을 틀어 놓은 상태로 양치질을 한다면, 여러분은 19ℓ나 되는 물을 낭

비하는 것입니다. 이는 음료수 캔 53개를 채울 수 있는 양입니다.

● 세차를 할 때 호스 대신 양동이와 스펀지를 이용한다면(맨 마지막에 헹굴 때는 호스를 쓰더라도), 최대 568ℓ까지 물을 절약할 수 있습니다.

이렇게 하세요

● 양치질을 할 때는 칫솔을 적신 후 수도꼭지를 잠그세요. 양치질을 마치고 칫솔과 입을 헹굴 때 다시 수도를 트세요. 그러면 매번 양치질마다 최대 34ℓ의 물을 절약하게 됩니다. 이는 애완동물을 목욕시킬 수 있는 양입니다.

● 물을 미리 받아 놓고 냉장고에 넣어 두세요. 그리고 목이 마를 때마다 이 물을 꺼내서 마시는 겁니다. 이러면 물을 마시려고 매번 수도를 트는 것에 비해 많은 물을 절약할 수 있습니다. 물도 아끼고 시원한 물도 먹고, 일석이조인 셈이죠.

● 설거지를 할 때는 큰 설거지통에 물을 받아 놓고, 그 안에서 그릇을 닦으세요. 수도를 틀어 놓고 흐르는 물에 닦는 것보다 최대 95ℓ의 물을 아낄 수 있습니다. 이 양은 여러분이 5~10분간 샤워를 할 수 있는 양입니다.

● 목욕을 할 때는 미리 욕조의 마개를 닫아 두세요. 그래야 한 방울의 물도 헛되이 하수구로 흘러들지 못합니다.

● 손을 씻을 때, 비누칠을 하는 동안에는 물을 잠그세요. 헹굴 때 다시 틉니다.

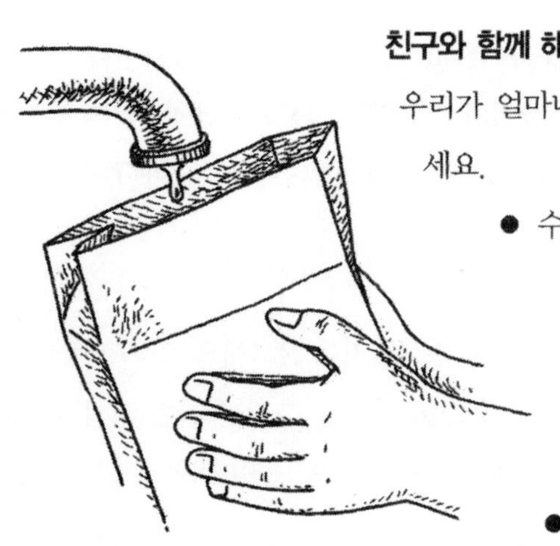

친구와 함께 해보세요

우리가 얼마나 많은 물을 쓰는지 알아보
세요.

- 수돗물로 900㎖짜리 큰 우유
  곽을 채우려면 얼마나 걸릴
  것으로 예상하는지 친구
  들에게 물어보세요. 30초?
  아니면 1분?

- 900㎖짜리 우유곽을 하나
  준비하여, 수도꼭지에 대고 직접

물을 받으면서 시간을 재보세요.

- 얼마나 걸렸나요? 많은 사람들이 쓰지도 않는 물을 헛되이 낭비하고 있
  습니다. 여러분은 더 이상 그러지 않길 바랍니다. 우유곽에 받은 물은
  버리지 마세요. 화분에 주거나 필요한 곳에 이용하세요.

12. 바닷가로 가세요

읽기 전에 생각해 보기

여러분이 바닷가에서 가장 많이 볼 수 있는 것은 다음 중 무엇일까요?
① 괴물 ② 모래성 ③ 쓰레기
답: ③ (안타깝게도 많은 사람들이 바닷가에 생명체가
살고 있음을 잊습니다.)

바다가 오염되어 있고, 바닷가에는 쓰레기로 가득합니다. 이는 가볍게 넘길 문제가 아닙니다. 바다에는 많은 생물이 살고 있습니다. 바다가 건강하지 못하면 인간은 살 수 없습니다. 공기, 습도, 날씨가 바다의 영향을 크게 받기 때문입니다.

어린이 여러분이 할 수 있는 일이 무엇일까요? 여러분 혼자서는 바다 전체를 보호할 수 없지만, 바다를 지키려는 데 작은 보탬이 될 수는 있습니다. 다음에 여러분이 바닷가에 갈 기회가 되면 다음에 얘기하는 내용들에 대해 생각해 보세요.

알고 있나요?

- 바다에 버려진 비닐 및 플라스틱 쓰레기 때문에 해마다 100만 마리 이상의 바다 생물이 죽고 있습니다.
- 이런 쓰레기들은 배에서 버려진 것들도 있지만, 대부분은 해안가에서

버려진 것들이거나 강과 하천에 버려진 쓰레기가 바다로 흘러들어간 것들입니다.

● 바다 생물들은 바다에 떠다니는 비닐 쓰레기를 먹이로 착각하는 경우가 있습니다. 예를 들어 바다거북은 비닐봉지를 해파리로 오해하여 삼키는 경우가 있는데, 비닐봉지를 삼킨 거북은 곧 죽습니다.

● 새들도 마찬가지입니다. 작은 플라스틱 조각을 먹이로 잘못 알아 삼키는데, 그 새는 질식하여 죽습니다.

● 따라서 여러분이 바닷가에서 비닐 및 플라스틱 쓰레기를 줍는 것만으로도 여러 동물을 구할 수 있습니다.

이렇게 하세요

● 바닷가에서는 절대 어떠한 쓰레기도 버리지 마세요.

● 바닷가에 갈 때는 큰 쓰레기봉투를 갖고 가세요. 그리고 갖고 간 쓰레기봉투를 모두 채울 수 있도록 쓰레기를 주워 담으세요. 쓰레기봉투가 다 찼으면 입구를 꽉 묶은 후 쓰레기장에 버리세요(만약 쓰레기장이 눈에 띄지 않는다면 버릴 수 있는 곳까지 가지고 가세요).

● 유리병이나 알루미늄 캔을 발견했다면, 집으로 가져가 재활용하세요.

● 낚시를 할 때는 절대 낚싯줄을 물에다 버리지 마세요. 새나 물고기 등이 낚싯줄에 걸려 죽을 수도 있으니까요.

● 여러 사람과 함께하세요. 해마다 전 세계적으로 규모가 큰 해변 대청소 행사가 열립니다. 많은 사람들이 함께 해변을 걸어가면서 쓰레기를 줍는 것이죠. 이들의 행동은 많은 바다 생물을 구하고 있습니다. 재미있을 것 같지 않나요?

친구와 함께 해보세요

● 친구에게 '태평양 쓰레기 소용돌이 지대(Pacific Garbage Vortex)'에 대해 말해 주세요. 이곳은 엄청난 양의 플라스틱 쓰레기들이 소용돌이치는 곳입니다. 마치 고삐 풀린 망아지가 날뛰는 것처럼, 크고 거대한 쓰레기의 소용돌이입니다.

● 이곳은 1990년 찰스 무어라는 해양학자에 의해 발견되었는데, 그는 당시 상황을 이렇게 말했다.

 "샴푸 뚜껑, 세제를 담는 병, 비닐봉지, 낚시찌 등이 가득했습니다. 제 시야가 닿는 곳 모두에 그런 쓰레기들이 떠다니고 있었습니다. 바다 한가운데 있었는데도, 그런 쓰레기들을 피할 곳이 없었습니다."

● 설상가상으로 이 소용돌이 지대는 점점 커지고 있습니다. 현재는 미국 텍사스 주 면적의 2배 정도로 커졌습니다(지도에서 미국 텍사스 주를 찾아보세요. 엄청 큰 면적입니다).

관련 인터넷 사이트

● 바다살리기운동본부 http://www.badasaligi.com

13. 샤워하는 습관을 바꾸세요

읽기 전에 생각해 보기

샤워기를 5분간 틀어서 900㎖ 우유곽에 물을 받는다면,

우유곽 몇 개나 물을 채울 수 있을까요?

① 10개 ② 20개 ③ 100개

답: ③ (900㎖ 우유곽 100개를 쌓으면 얼마나

높을지 상상해 보세요)

수도를 틀었는데 물이 나오지 않는다면 어떨까요? 지금부터라도 물을 아껴야 그런 상황을 막을 수 있습니다. 물을 아끼기 위해 우리가 할 수 있는 것 중 하나는 샤워기에서 나오는 물의 양이 너무 많지는 않은지 확인하는 것입니다.

69쪽에 이걸 쉽게 확인하는 방법이 있습니다.

알고 있나요?

- 샤워를 할 때는 1분당 약 19ℓ의 물을 사용합니다. 이는 큰 유리잔 50개를 채울 수 있는 양입니다.

- 샤워를 하는 데 10분이 걸린다면, 매일 샤워 한 번에 190ℓ의 물을 사용

하는 셈이죠.

- 1년이면 약 7만 5,000ℓ가 넘는 물을 샤워에 사용하는 것입니다.
- 욕조에 물을 받아 목욕을 하는 데는 샤워보다 훨씬 더 많은 물이 들어갑니다. 거의 2배가 더 들죠.
- '절수형' 샤워기를 이용해 보세요. 이것은 샤워기에서 나오는 물에 공기를 넣어서, 물의 양을 1분당 19ℓ에서 4~8ℓ로 줄여 줍니다. 그러나 샤워를 할 때는 그 차이가 잘 느껴지지 않습니다. 여전히 기분 좋게 샤워를 할 수 있다는 말입니다.

이렇게 하세요

- 목욕 대신 샤워를 하고, 목욕을 할 경우에는 욕조의 물을 반만 채우세요. 이는 물을 절약할 수 있는 확실한 방법입니다. 목욕보다는 샤워를 하면서 콧노래를 흥얼거리는 것이 더 멋지게 들립니다.
- 샤워 시간은 짧게 가지세요. 샤워 시간을 1분씩 줄일 때마다 19ℓ의 물

을 절약하는 것입니다. 따라서 10분 걸리던 샤워를 5분으로 줄인다면 약 95ℓ의 물을 아끼는 것이죠.

- 샤워 시간을 재보세요. 알람 기능이 있는 시계나 스톱워치 등 어느 것이든 좋습니다.
- 부보님께 절전형 샤워기에 대해 말씀드리세요. 절전형 샤워기는 마트나 인터넷 등에서 구입할 수 있습니다.

친구와 함께 해보세요

세계적으로 유명한 샤워기 우유곽 실험을 친구들에게 말해 주세요.

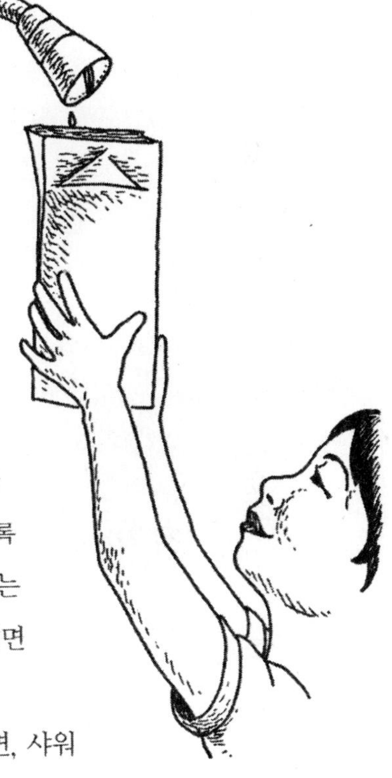

- 빈 우유곽, 스톱워치, 그리고 시간을 재어 줄 어른이 있어야 합니다.
- 우유곽 위를 펴서 입구가 평평하도록 만드세요.
- 보통 샤워를 하던 대로 물을 트세요. 그리고 우유곽을 샤워기에 갖다 대고 물을 받습니다(물론 젖지 않도록 옷을 벗고 해야겠죠). 10초간 물을 받는데, 시간을 재는 어른에게 10초가 되면 말해 달라고 미리 요청하세요.
- 10초 이내에 우유곽에 물이 넘친다면, 샤워할 때 너무 많은 물을 사용하는 것입니다. 아주 간단한 실험이죠.

14. 지하수를 보호합시다

읽기 전에 생각해 보기

물에 넣어서 함께 마시고 싶은 것은 다음 중 무엇입니까?
① 가구 광택제 ② 페인트 시너 ③ 자동차 윤활유
답: 없음 (그러나 이것들을 잘못 처리하면 우리가 마시는
물속에 들어갑니다.)

만약 땅을 계속 파들어 간다면 지구 반대편에 있는 미국까지 갈 수 있을까요? 물론 불가능하죠. 그러나 물은 발견할 수 있습니다. 땅속에는 신선한 물이 많습니다. 우리는 지구에 사는 모든 생명체를 위해서 지하수를 깨끗하게 보존하고 보호해야 합니다. 땅속에 있는 지하수를 어떻게 보호할 수 있는지 궁금하죠? 간단합니다. 땅위의 해로운 물질이 땅속으로 스며들지 못하게만 하면 됩니다.

알고 있나요?

- 지구에 있는 물 대부분은 우리가 마실 수 없는 물입니다.
- 지구 표면의 2/3는 바다가 덮고 있습니다. 그러나 바닷물은 소

금기가 있어서 마실 수 없습니다.

- 북극과 남극에는 많은 빙하가 있지만, 얼음을 마실 수는 없습니다. 지구온난화가 시작되면서 극지방의 빙하가 녹기 시작했습니다. 녹은 빙하는 곧바로 바닷물과 합쳐지기 때문에, 결국 우리는 마실 물을 잃고 있는 셈입니다.

- 그럼 우리가 마실 수 있는 물은 뭐가 남아 있을까요? 호수, 강, 하천, 그리고 지하수가 있습니다. 지하수는 땅속, 모래와 바위들이 있는 곳에 있습니다. 우리가 마시는 우물물도 이곳에서 퍼 올립니다.

- 지하수는 쉽게 오염됩니다. 우리가 땅위에서 쓰는 일상적인 물질을 땅에 버리기만 해도 오염됩니다. 지구의 흙은 스펀지처럼 되어 있어서, 땅위의 모든 것을 빨아들이기 때문입니다.

- 예를 들어 3~4ℓ의 페인트나 1ℓ 정도의 자동차 윤활유가 땅속으로 스며들면, 94만 6,324ℓ의 식수를 오염시킵니다. 또 3.7ℓ의 휘발유는 283만 8,973ℓ의 물을 오염시킵니다.

이렇게 하세요

- 땅에 무언가를 흘리지 않도록 조심하세요. 실수로 흘릴 수는 있겠지만, 절대 해로운 물질을 고의로 땅에 흘려서는 안 됩니다.

- 석유, 페인트, 휘발유 등이 든 깡통을 어떻게 처리해야 할지 모르겠다면, 어른에게 부탁하세요. 절대 그냥

버려서는 안 됩니다. '유독성 폐기물 처리업자' 들이 처리하도록 해야 합니다. 여러분 나이에는 페인트, 자동차 윤활유, 휘발유 등을 사용할 일이 없겠지만, 지금부터 이런 문제에 대해 생각해 본다고 해서 나쁠 것은 없습니다.

15. 빗물을 잡으세요

비가 오면 밖으로 나가 지붕, 대문 앞, 현관 앞에 떨어지는 빗물을 관찰해 보세요. 이것을 유거수(流去水, 배수관으로 흘러들어 가는 빗물—옮긴이)라고 합니다. 유거수는 길바닥을 쓸며 하수구(또는 배수관)로 들어가는데, 이때 기름, 화학물질, 쓰레기, 먼지 등도 함께 쓸려갑니다.

이렇게 하수구, 또는 배수관으로 들어간 유거수는 어디로 갈까요? 유거수는 지하에 있는 큰 배수관을 따라 하천이나 강으로 흘러들어 갑니다. 따라서 여러 오염물질도 곧바로 우리의 하천과 강으로 흘러들어 가는 것이죠.

오염된 유거수가 수질 오염의 제일 큰 원인인 것은 이 때문입니다. 우리의 강과 하천을 보호하고 싶으세요?

유거수가 하수구로 흘러들지 않도록 한다면 강과 하천을 보호할 수 있습니다.

알고 있나요?

- 유거수 문제가 왜 중요할까요? 인간은 대부분의 길을 아스팔트와 콘크리트로 덮어 버렸습니다.
- 그냥 흙으로 된 땅에 비가 올 경우, 빗물은 서서히 지하로 스며들죠. 이때 오염물질이 걸러져서 빗물은 깨끗한 지하수가 됩니다.
- 그러나 지금의 도로, 마당, 지붕, 주차장 등에 내리는 빗물은 땅으로 스며들지 못합니다. 유거수가 되어 배수로와 하수도로 흘러들어가죠.
- 도시에서는 모든 길의 거의 절반이 포장되어 있습니다. 그래서 일반적인 도시지역에서는 나무숲과 비교하여 9배나 많은 유거수가 발생합니다.
- 오염 문제가 있는 것이 아닙니다. 유거수는 홍수와 침식을 유발하여, 하천 제방과 강둑을 무너뜨리기도 합니다.

이렇게 하세요

- 가족들에게 말해서, 지붕에서 떨어지는 빗물을 모을 빗물 저수조를 마련하세요.
- 대문 앞이나 현관 앞은 빗자루

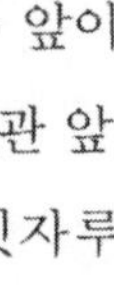

로 청소하고, 호스는
쓰지 마세요. 마당
과 배수로도 마
찬가지입니다.

- 쓰레기를 절대
  버리지 마세요.
  비가 한 번 오
  면 비닐봉지,
  담배꽁초 등
  의 쓰레기들
  이 빗물에 쓸려 강
  과 하천으로 흘러들어 갑니다.
- 세차를 할 때는 세차장에서 이용하세요. 마당이나 길거리에서는 절대
  하지 마세요. 그리고 양동이와 스펀지를 쓰고, 호스는 쓰지 마세요.

친구와 함께 해보세요

- 친구들에게 빗물 저수조에 관한 웹사이트를 보여 주세요. 빗물 저수조
  는 지붕에 내리는 빗물을 모아 저장할 수 있는 큰 통을 말합니다. 저수
  조에 모은 빗물은 화단(화분)에 물을 주거나 화장실 청소 및 변기 등에
  이용할 수 있습니다.
- 큰 플라스틱 쓰레기통이나 나무통을 빗물 저수조로 이용할 수도 있습
  니다. 부모님이나 선생님, 친구들과 함께 *rainbarrelguide.com*을 방문
  해 보세요.

16. 잔디에는 이렇게 물을 주세요

여러분은 집에서 잔디나 화단(화분)에 물을 주나요? 많은 어린이들이 여름방학 때는 물을 주는 일을 하죠. 이때 물을 절약할 수 있는 몇 가지 방법을 알려드리겠습니다.

알고 있나요?

- 미국에서는 여름에 다른 계절에 비해 1/3 정도 물을 더 사용합니다. 잔디에 물을 주기 때문이죠.

- 미국에는 물을 주는 잔디밭이 아주 많은데, 매주 잔디에 주는 물이 1,000억ℓ가 훨씬 넘습니다. 이 양은 전 세계 사람들이 4일간 샤워를 할 수 있는 양입니다.

- 잔디에 물을 많이 줄수록 잔디 상태가 좋아진다고 생각하는 사람들이 일부 있습니다. 그러나 이는 사실과 다릅니다. 우리는 잔디에 필요한 물의 2배를 주고 있습니다. 엄청난 물의 낭비가 아닐 수 없습니다.

- 사실 잔디밭에는 매주 0.02ℓ 정도의 물만 줘도 충분합니다.

이렇게 하세요

● 이른 아침이나 저녁에는 물이 증발하는 양이 가장 적습니다. 이 시간대
  에 잔디에 물을 주도록 하세요.

● 바람이 부는 날에는 물을 주지 마세요. 바람이 물을 날려버리니까요.

● 스프링클러가 마당이나 쓸데없는 곳에 물을 뿌리지 않고, 잔디에만 물
  을 뿌리도록 하세요.

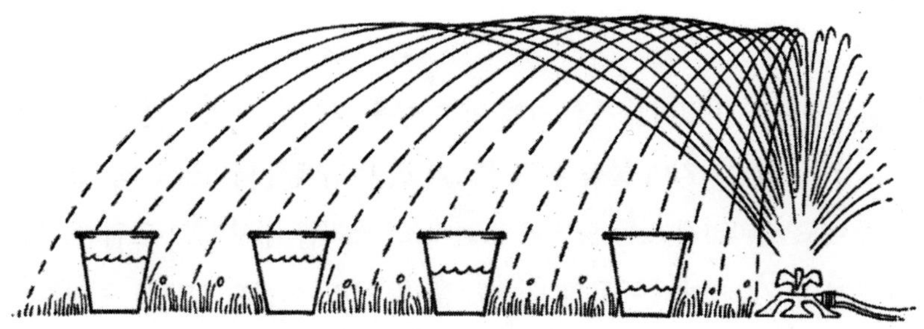

● 물을 더 뿌려 줘야 하는 곳은 물뿌리개나 호스를 이용하세요. 천천히
  물을 주어야 땅속 깊이 스며들고, 그래야 잔디 뿌리가 물을 잘 빨아들
  일 수 있습니다.

17. 시냇물을 보호합시다

다음 중 시냇가에서 발견할 수 있는 것은 무엇일까요?
① 물고기 ② 낡은 타이어 ③ 조약돌
답: ①②③ (보기 모두를 발견할 수 있습니다. 낡은 타이어와 같은
쓰레기가 있어서는 안 되겠죠?)

시냇물은 어린이들이 놀기에 아주 좋은 곳이죠. 이것저것 찾기도 하고, 첨벙거리며 물속을 뛰기도 하고, 바위에서 다이빙도 하고요. 말만 들어도 재미있게 노는 장면이 그려지죠? 소리를 내지 않고 조금만 기다리다 보면, 새와 여러 동물의 모습도 볼 수 있죠. 이들도 시냇물에 의존해서 살기 때문입니다.

그러나 안타깝게도 많은 시냇물이 오염되거나, 쓰레기로 몸살을 앓고 있습니다. 시냇물을 깨끗한 상태로 다시 되돌려야 합니다. 여러분과 친구들이 근처 시냇가를 깨끗하게 보존한다면 지구
환경을 지키는 데 도움이 됩니다.

알고 있나요?

● 시냇물의 색깔과 냄새만으로도
시냇물이 어떤 상태인지에 대
해 많은 것을 알 수 있습니다.

- 시냇물이 녹색이라면 녹조류라고 불리는 매우 작은 식물이 물에 있기 때문입니다. 녹조류가 있으면 다른 생물이 물에서 살기 어렵습니다.

- 시냇물이 흙탕물이라면 물속에 진흙이 너무 많은 것이 원인일 수 있습니다. 그러면 물고기가 숨을 쉬는 데 어려움을 겪습니다. 이를 막으려면 시냇물 주변에 나무를 더 많이 심어야 합니다.

- 시냇물 위에 반짝거리는 엷은 막이 있다면, 시냇물로 기름이 흘러들었을 가능성이 있습니다. 기름은 모든 생물체에 해롭기 때문에 반드시 막아야 합니다.

- 시냇물에 거품이 있다면 가정이나 공장에서 비눗물이 흘러들었을 가능성이 있습니다.

- 시냇가에서 썩은 계란 냄새가 나는 것은 상황이 아주 나쁜 경우일 수 있습니다. 하수도가 새어 오염된 하수가 시냇물로 흘러들었을 가능성이 있기 때문입니다. 오염된 하수에는 사람과 시냇물에 사는 생명체들을 아프게 하고 죽일 수도 있는 병균이 있습니다.

- 시냇물 위에 오렌지색, 또는 붉은색 막이 있다면, 근처 공장에서 오염물질을 시냇가에 버렸을 가능성이 있습니다.

- 시냇가에 물고기와 곤충들이 많다면, 이는 좋은 현상입니다. 물속의 산소가 풍부하다는 의미이니까요.

이렇게 하세요

- 시냇가를 돌아보면서 눈에 보이는 쓰레기는 모두 주우세요. 주운 쓰레

기는 쓰레기통에 버리거나, 미리 준비한 쓰레기봉투에 담았다가 집으로 가져가 처리하세요.

● 여러분의 개나 고양이 등 애완동물이 시냇가, 혹은 시냇가 가까운 곳에 용변을 보지 못하도록 하세요. 동물의 용변은 시냇물을 오염시킵니다.

● 기름이나 하수가 시냇가로 흘러드는 것을 발견하면, 즉시 부모님이나 다른 어른들에게 말하세요.

학교에서

시냇가를 대청소하는 행사에 참여하거나, 직접 만들어 보세요.

● 사례를 하나 들겠습니다. 미국 캘리포니아의 어느 지방에서는 학생들을 포함한 500명의 자원봉사자들이 1년에 한 번씩 시냇가 대청소 행사를 진행합니다. 이들은 토종 식물과 나무를 심고 많은 쓰레기와 잡초를 제거합니다. 행사가 끝나면 지역 초등학교에서 방과후 활동의 일환으로, 주말에 시냇가를 찾아 자원봉사자들이 심은 식물을 돌봅니다. 여러분의 학교에서는 시냇가를 보호하기 위해 어떤 활동을 하나요?

관련 인터넷 사이트

● (사)낙동강공동체 http://www.nakdongkang.com
● 경상남도자연학습원 http://www.knnature.go.kr

18. 습지를 보호합시다

읽기 전에 생각해 보기

다음 중 습지에 사는 동물은 무엇일까요?

① 개구리 ② 공룡 ③ 고릴라

답: ① (개구리가 많이 사는 주요 서식지 중 하나가 습지입니다.)

여러분은 늪이나 습지에 가본 적이 있나요? 어린이 여러분이 보기에 이곳들은 모두 진흙이 많고 지저분해 보일 겁니다. 그리고 어떤 때는 이상한 냄새까지 나죠.

그러나 이런 습지는 지구에서 가장 중요한 지역들 중 하나입니다. 놀랍죠? 습지에는 다양한 수천 종의 생물이 살고 있습니다. 새, 물고기, 개구리 등 수많은 생물이 습지에 의존해 살고 있는 것이죠. 동물뿐만 아니라 여러 식물도 마찬가지입니다. 특히 부들(풀의 일종─옮긴이) 같은 식물은 오로지 습지에서만 살 수 있습니다.

그러나 무엇보다도 중요한 것은, 습지가 물을 깨끗이 만들고 홍수를 조절하는 데 큰 역할을 한다는 것입니다.

그런데 이처럼 중요한 습지는 사람들에 의해 파괴되고 있습니다. 습지를 메워 집과 공장을 짓고, 도로를 건설합니다. 또 습지의 물을 빼내고 밭을 만들어 농작물을 심습니다.

습지가 없어지면 습지가 우리에게 주던 혜택을 더 이상 받지 못합니다.

그리고 습지에서 살던 생물들도 모두 없어지죠. 이 때문에 습지를 보호하기 위해 노력하는 것이 중요합니다.

알고 있나요?

- 미국 인디언들은 습지대를 '중간지대'라고 불렀습니다. 완전히 마른 땅도 아니고, 완전히 물만 있는 곳도 아니기 때문이죠. 습지대는 '땅과 물이 만나는 곳'입니다.
- 건강한 습지에는 다른 어떤 자연환경보다 더 다양한 생물들이 삽니다.
- 습지에는 모든 종의 민물고기가 살며, 전체 조류의 약 절반이 습지에 살거나 습지에 사는 물고기를 잡아먹습니다. 또한 멸종 위기 생물의 절반 정도가 습지에 살고 있습니다.
- 그러나 지난 300년간 미국의 습지는 절반 이상이 사라졌습니다. 그리고 지금 이 순간에도 습지는 사라지고 있습니다.

이렇게 하세요

- 매년 2월 2일은 '세계 습지의 날'입니다. 1년 중 이날만이라도 습지의 중요성을 깨닫고 습지보호 행사에 참여해 보세요.
- 친구나 가족들과 함께 습지보호 자원봉사에 지원해 보세요. 나무심기, 쓰레기 줍기 등은 습지도 보호하면서 재미도 느낄 수 있습니다. 여러분의 지역에 습지가 있는지를 알려면 지역 환경단체나 구청 등에 문의해 보세요.

친구와 함께 해보세요

친구들과 함께 습지를 탐험해 보세요.

● 친구들에게 습지가 얼마나 멋진지, 습지가 얼마나 많은 역할을 하는지
보여주세요. 이를 위해서는 지도, 카메라, 메모지와 펜 등이 필요합니
다. 여러분 지역에 서식하는 식물에 대해 소개한 책자도 있으면 좋겠
죠. 그리고 어른도 꼭 동행하도록 하세요.

관련 인터넷 사이트

● 습지와 새들의 친구 http://www.wbk.or.kr

● 사단법인 녹색습지 교육원 http://www.wetlandkorea.org

● 람사르 총회 http://www.ramsar2008.go.kr/intro.jsp

● 한국습지학회 http://www.kwetland.or.kr

● 낙동강하구에코센터 http://wetland.busan.go.kr

● 우포늪 사이버생태공원 http://www.upo.or.kr

● (사)푸른우포사람들 http://woopoman.co.kr

● 시화호 갈대습지공원 http://sihwa.kwater.or.kr

제 4 부

야생동물

보호

야생동물에 대한 생각

"도대체 왜 야생동물을 보호하는 데 힘을 써야 하는 것일까?"

여러분은 이런 어리석은 질문을 하지 않기 바랍니다. 어린이들은 야생동물이 왜 중요한지 어른들보다 더 잘 알고 있을 테니까요.

그러나 한번쯤 생각해 봐야 할 질문인 것은 분명합니다. 우리가 야생동물을 보호해야 하는 이유 중 하나는, 지구상에 있는 모든 생물에게는 잘 살 수 있는 권리가 있기 때문입니다. 우리가 그 권리가 지켜지도록 도울 수 있습니다.

또 다른 이유는, 모든 생물은 지구 자연의 아름다운 연결고리 중 한 부분을 담당하기 때문입니다. 제 아무리 조그만 곤충이라도 지구의 모든 생명체가 살아가는 데 있어서 중요한 역할을 합니다. 그 중요성은 큰 코끼리나 영리한 사람에 조금도 뒤지지 않습니다. 인간을 포함한 모든 생명체가 나름대로의 특별한 역할을 하는 것입니다.

이런 상황에서 어떤 동물이 멸종된다면 어떻게 될까요? 우리는 무엇이 달라졌는지 모를 수도 있지만, 분명 지구에는 어떤 변화가 생깁니다.

따라서 우리는 야생동물을 보호해야 합니다. 나름대로 보람도 느끼고 재미도 있습니다.

19. 새를 보호해 주세요

여러분은 새가 목욕하는 모습을 본 적이 있나요? 새가 목욕하는 모습을 보면, 새들이 목욕을 매우 좋아한다는 것을 알 수 있습니다. 그래서 새를 위한 목욕통이 있는 곳에는 새들이 많이 모입니다. 여러분의 집 뜰이나 베란다에 새를 불러 모으고 싶다면, 새를 위한 목욕통과 먹이통을 갖춰 놓으세요. 이는 새를 구경하는 즐거움으로 그치지 않고, 지구를 돕는 일이기도 합니다.

알고 있나요?

- 새는 항상 굶주려 있습니다. 새는 아주 많은 에너지를 소모하기 때문에 계속 먹어야 합니다.
- 새는 하루에 자기 몸무게의 4/5나 되는 먹이를 먹을 때도 있습니다.
- 여러분 몸무게가 45kg 이라고 해봅시다. 여러분

이 새라면, 아침에 일어나서 밤에 잘 때까지 36kg을 먹는다는 뜻입니다. 여러분은 그럴 수 없겠죠? 그러나 새는 그렇게 먹습니다.

● 새들에게는 마실 물도 필요합니다. 특히 여름에는 더욱 필요합니다. 또 목욕을 하기 위해서도 물이 필요합니다. 새는 적게는 1,000개에서 많게는 2만5,000개의 깃털을 갖고 있습니다. 따라서 목욕을 하려면 많은 물이 필요하죠.

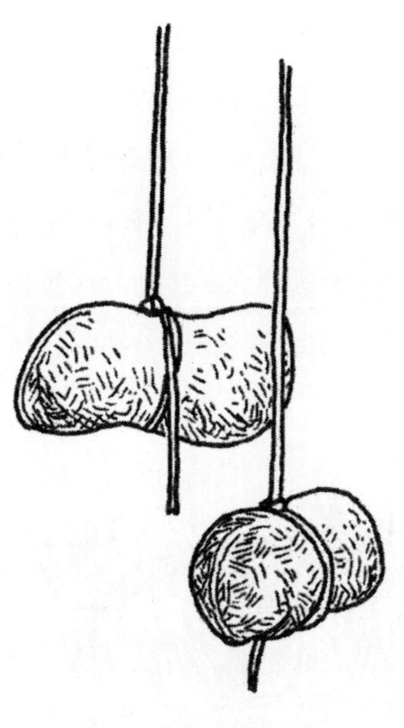

이렇게 하세요

집에서 먹이 주기

● 땅콩으로 새의 먹이를 만들어 주세요. 껍질을 까지 않은 땅콩(소금기가 들어간 땅콩은 안 돼요)을 실 등을 이용해 묶습니다. 이것을 새들이 쉽게 찾을 수 있도록 나뭇가지 등에 매달아 놓습니다.

● 또 다른 방법도 있습니다. 땅콩버터를 솔방울 전체에 바릅니다. 솔방울 전체에 발라 조금의 틈도 없도록 합니다. 그리고 이것을 새 먹이 속에 넣어 밖에 둡니다. 땅콩버터를 좋아하는 새들이 아주 많습니다.

● 오렌지 껍질을 나무에 매달아 놓는 것도 좋습니다. 새들에게는 훌륭한 간식이 될 테니까요.

목욕통 만들어 주기

● 화분받침처럼 납작한 접시 모양의 받침대를 준비하세요. 도자기나 플라스틱으로 된 것이어야 하고, 금속은 안 됩니다. 금속은 여름에는 너

무 뜨겁고 겨울에는 너무 차니까요. 받침대 주변에는 턱이 있어서 새들이 앉아서 쉴 수 있어야 합니다.

● 너무 깊을 정도의 물은 필요치 않습니다. 약 5cm 정도의 깊이면 좋습니다. 준비한 받침대에 물을 채워 넣습니다.

● 주변에 고양이가 있다면 새의 목욕통을 높은 곳에 두거나 나무에 매달아 놓아야 합니다.

학교에서 먹이 주기

● 미국의 한 초등학교 학생들은 자신들이 사는 지역에 어떤 새가 있는지 알기 위해, 새 먹이통을 만들어 매달아 놓습니다.

● 이 학교 학생들은 학교 뜰에 먹이통을 매달아 놓고, 어떤 새들이 날아드는지 관찰합니다.

● 또한 새를 그리고, 자신들의 경험을 글로 씁니다.

친구와 함께 해보세요

친구들에게 새를 도울 수 있는 방법 3가지를 알려 주세요.

1. 죽은 나뭇가지나 통나무를 뜰에 둡니다. 새들은 죽은 나무와 통나무 속에 살려는 경향이 있습니다. 거기에서 벌레를 잡아먹기 위함입니다.

2. 언 웅덩이를 발견하면 얼음을 깨도록 하세요. 그래야 새들이 물을 마실 수 있으니까요.

3. 털이 부드러운 개가 있다면, 개를 빗겨 주다가 나온 털을 나무 밑이나

공원에 두세요. 둥지를 짓는 새들에게는 이것이 새끼들을 위한 훌륭한
매트리스가 되니까요.

관련 인터넷 사이트

● 한국조류보호협회 http://www.bird.or.kr

● 야생조류보호협회 http://www.kwildbird.com

● 철원조류보호협회 http://www.chorwon-kabp.org

20. 집으로 동물을 초대하세요

야생동물은 어디에 살까요?

정글에 살까요? 네, 그렇습니다.

숲속에 살까요? 물론입니다.

사막은요? 물론 사막에도 살죠.

그러나 야생동물이 이런 곳에만 사는 것은 아닙니다. 도시, 시골, 심지어는 여러분의 뒤뜰에도 삽니다.

다람쥐, 새, 나비 등 많은 생물이 우리 가까이에 살고 있습니다. 모두 아름다운 야생의 지구를 구성하는 생명체들이죠. 지금부터 여러분이 이들 생물들에게 도움을 줄 수 있는 방법에 대해 알려드리겠습니다.

알고 있나요?

● 뒤뜰에 꽃과 나무를 심는 것은 동물들에게 훌륭한 먹잇

감과 보금자리를 만들어 주는 것입니다.

- 예를 들어 볼까요? 화려한 색깔의 꽃을 심으면 나비들이 모여듭니다.

- 벌새는 빨간 꽃을 좋아하죠.

- 박쥐와 나방은 달콤한 향기가 나는 하얀 꽃을 좋아합니다.

- 일년생 꽃은 새들이 아주 좋아하는 꽃입니다. 왜냐고요? 새는 꽃씨를 좋아하는데, 일년생 꽃에는 꽃씨가 아주 많기 때문이죠. 해바라기, 백일홍, 과꽃 등이 일년생 꽃입니다.

이렇게 하세요

집에서

- 가족들과 함께 정원을 가꾸거나, 상자에 꽃을 심어 창가에 두세요. 그러면 많은 동물들이 찾아올 것입니다.

  - 인터넷을 통해 어떤 식물이 야생동물에게 먹이와 보금자리를 제공할 수 있는지 알아보세요.

학교에서

- 나비를 위한 정원을 가꿔 보세요. 나비가 좋아하는 꽃을 심고, 여기에 물만 제대로 주면 나비들이 찾아옵니다. 어떤 식물을 심느냐에 따라 나비가 얼마나 찾아올지 결정됩니다.

- 미국의 두 초등학교의 예를 보죠. 플로리다의 한 초등학교 학생들은 12종류의 나비들이 좋아하는 식물을 심었습니다.

- 반면에 캘리포니아의 한 초등학교 학생들은 오직 제왕나비(Monarch Butterfly)만을 끌어들일 식물을 심었습니다. 이 학교 학생들의 계획은 성공을 거둬, 지금은 매년 제왕나비들이 멕시코로 이동하는 길에 이 학

교를 들렀다 갑니다.

- 자, 이제 여러분의 학교에는 어 떤 식물을 심으면 좋을지 생각 해 보세요.

친구와 함께 해보세요

- 친구와 함께 집이나 학교 정원 에 새를 위한 먹이통을 만들어, 새들을 불러들여 보세요. 새를 관찰하는 것은 매우 재미있고, 새를 불러들이는 것은 간단합 니다.

관련 인터넷 사이트

- 야생동물연합 http://www.wildkorea.org
- 자연과생태 비글스쿨 http://cafe.daum.net/econature.co.kr
- (사)한국동물구조관리협회 http://www.karama.or.kr
- 야생동물소모임 http://www.yasomo.net

21. 곤충을 보호합시다

여러분은 곤충이 어떤 역할을 하는지 알면 아마 놀랄 것입니다. 곤충은 지구를 건강하게 유지시키는 데 중요한 역할을 합니다. 사실 곤충이 없으면 인간은 살 수 없습니다. 농담 아니냐고요? 사실입니다.

알고 있나요?

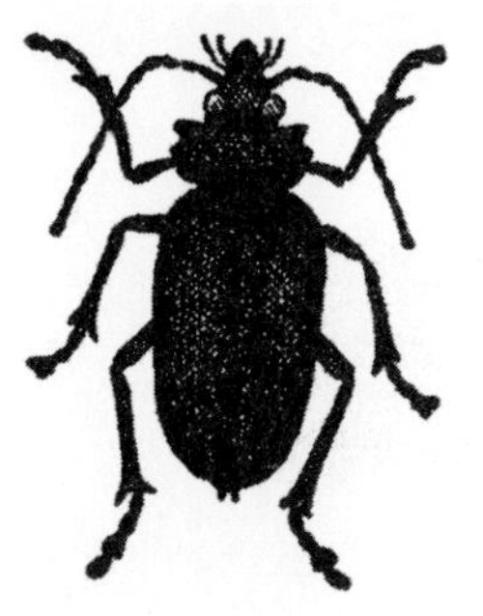

- 여러분에게 지렁이는 징그럽게 보일지 모르지만, 지렁이가 없다면 우리는 농사를 지을 수 없습니다. 왜냐고요? 지렁이는 쓰레기를 먹고 기름진 흙을 배설하여, 농작물이 무럭무럭 자라도록 해주기 때문입니다.

- 축구장만한 크기의 밭에는 200만 마리에 가까운 지렁이가 살고 있습니다.

- 꿀벌도 꼭 필요한 생물입니다. 꿀벌은 꿀을 만들기 위해 이 꽃 저 꽃을 찾아다니며 꽃가루를 모읍니다(꿀벌은 450그램 정도의 꿀을 만들기 위해 8만8,000km가 넘는 거리를 날아다니면서 200만 개의

꽃에 꽃가루받이를 합니다). 이때 이 꽃 저 꽃으로 다른 꽃의 꽃씨가 옮겨지고, 다른 꽃의 꽃씨를 받은 꽃은 씨앗을 만들어 냅니다. 꿀벌 덕분에 보다 많은 식물이 자라게 되는 것이죠. 따라서 우리는 꿀벌에게 큰 신세를 지는 것입니다.

● 우리나라에는 약 1,200종의 거미가 살고 있습니다. 여러분은 거미를 보면 무서움을 느끼겠지만, 거미는 우리의 삶을 보다 편하게 해주고 있습니다. 거미는 모기나 파리와 같은 벌레를 잡아먹기 때문입니다. 거미가 없다면 우리 주위에 벌레들이 우글대겠죠? 과학자들은 1년에 거미들이 먹는 벌레의 양이 전 세계 인구의 몸무게만큼 될 것으로 추정합니다. 정말 많죠?

이렇게 하세요

● 이제부터 길에서 곤충을 보면 도움을 주세요. 부드럽게 잡아서 사람들이 다니지 않는 곳으로 옮겨 주세요. 그러면 여러분은 생명을 구한 것입니다.

● 거미를 존중하고, 거미를 관찰해 보세요. 거미가 징그럽다고 함부로 죽이지 마세요. 거미가 거미줄을 치고 파리를 잡아먹는 모습을 보는 것은 TV로만 보던 생생한 장면을

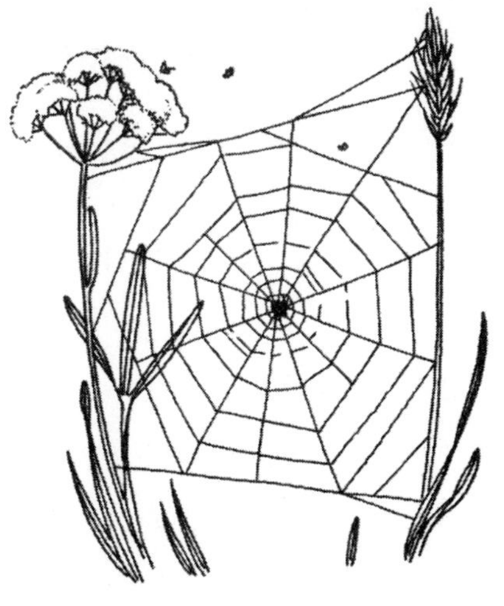

직접 보는 것입니다.

● 목욕을 할 때는 항상 물을 받기 전에 욕조에 거미가 있는지 확인합시다. 거미는 욕조에 있는 것을 좋아하기 때문입니다.

● 집안에서 곤충을 발견하면, 곤충이 밖으로 나갈 수 있게 도와주세요.

곤충이 무서우면 그냥 두세요. 스스로 알아서 나가니까요. 곤충이 일부러 들어온 것이 아니라 우연히 들어왔을 가능성이 높습니다. 만약 벌처럼 쏘일 염려가 있는 곤충이라면 어른에게 부탁하세요.

친구와 함께 해보세요

친구들에게 곤충에 관한 OX 문제를 내보세요.

1. 꿀벌은 동료들에게 꽃이 있는 위치를 알릴 때 특별한 춤을 춘다.

   (정답: O. 이것을 '8자 춤' 이라고 합니다.)

2. 바퀴벌레, 꿀벌 등의 일부 곤충은 자신들이 머물 집을 투표로 결정할 정도로 영리하다.

   (정답: O)

3. 일본에서는 딱정벌레가 애완동물로서 인기가 높다.

   (정답: O. 백화점에서도 팔 정도로 인기가 좋습니다.)

4. 꿀벌이 점차 사라지고 있어서 주의해야 한다.

   (정답: O. 안타깝게도 사실입니다. 그런데 아직 정확한 원인을 모릅니다.)

관련 인터넷 사이트

● 사이버곤충생태원 http://goodinsect.niast.go.kr/cig

● 만천곤충박물관 http://www.dryinsect.com

22. 멸종위기 동식물을 보호합시다

아마 '멸종' 이라는 말을 들어본 적이 있을 겁니다. 어떤 동물이나 식물이 '멸종' 되었다는 것은 더 이상 지구상에 존재하지 않는다는 뜻입니다.

멸종된 생물들 중에서 가장 유명한 것은 공룡입니다. 아주 먼 옛날에 사라졌죠. 그런데 지금 많은 동물과 식물이 과거 공룡처럼 멸종될 위기에 놓여 있습니다. 많은 동식물이 1주일마다 세계 곳곳에서 사라지고 있는 것이죠.

그리고 이들 사라지는 동식물보다 훨씬 더 많은 동식물이 멸종위기에 놓여 있습니다. 호랑이, 코끼리, 판다 등도 멸종위기에 있습니다.

멸종을 막기 위한 대책이 필요하다고요? 네, 물론입니다. 그런 대책 중의 하나가 멸종위기 동식물을 보호하기 위한 법을 만드는 것입니다. 미국에는 '멸종위기 동식물 보호법(Endangered

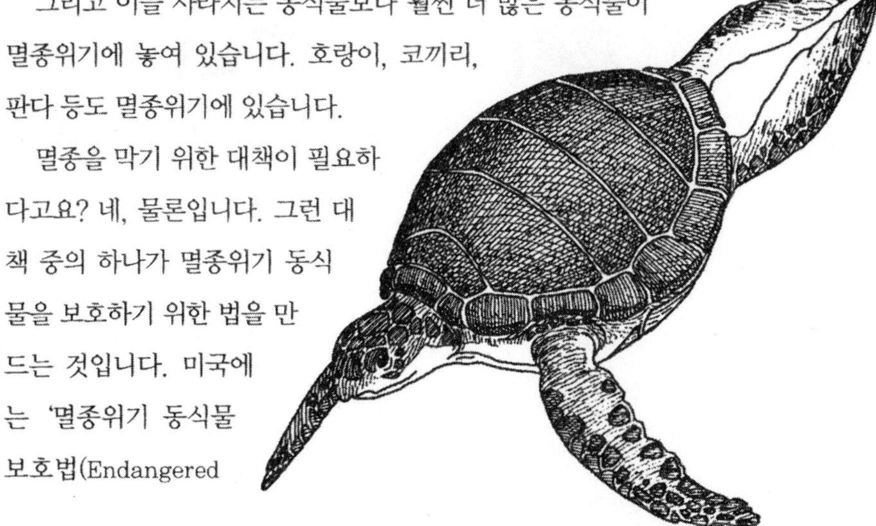

Species Act)' 이 있고, 우리나라에는 '야생동식물 보호법' 이 있습니다. 야
생동식물을 보호하기 위한 법률이 중요하다는 것을 사람들에게 알리도록
노력하세요.

알고 있나요?

● '야생동식물 보호법' 은 야생동식물과 그 서식환경을 체계적으로 보호
관리하여 야생동식물의 멸종을 예방하기 위해 2004년에 만들어졌습
니다.

● '야생동식물 보호법' 에는 수백 종의 동식물이 멸종되지 않도록 보호받
아야 한다는 내용이 들어 있습니다. 여기에는 사향노루, 산양, 수달 등
이 포함되어 있습니다.

● 한 동물의 멸종을 막는 것은 다른 동물들에게도 이익이 됩니다. 다양한
종의 동식물이 먹이, 서식지 등에 있어 다른 종의 동식물과 서로 공생
하는 관계에 있기 때문입니다. 그래서 어떤 동식물이 멸종하면 다른 동
식물들 또한 멸종하게 됩니다.

● '야생동식물 보호법'은 단순히 동식물 자체만을 보호하는 것이 아니라, 여러 동식물이 사는 서식지도 보호합니다. 동식물이 멸종하는 가장 큰 이유 중의 하나가 서식지 파괴이기 때문에, 이는 매우 중요합니다.

이렇게 하세요

● 여러분이 사는 지역에 어떤 야생동물이 사는지 알아보세요.

● 밀렵꾼이나 야생동물을 잡는 덫을 봤다면 이를 신고하도록 하세요. 경찰이나 한국야생동물보호협회(http://www.wildanimals.or.kr)에 신고하면 됩니다.

친구와 함께 해보세요

● 선생님과 친구들에게 'Tour de Turtles'에 대해 말해 주세요. 이곳은 멸종위기의 바다거북을 보호하기 위해 애쓰는 사람들이 만든 사이트입니다. 친구들과 함께 방문하여 그들이 어떤 활동을 하는지 보세요. 사이트 주소는 tourdeturtles.megotta.com/Home.aspx입니다(선생님들은 tourdeturtles.org/activities.html을 방문하세요).

관련 인터넷 사이트

● 한국 야생동식물 데이터베이스

http://nre.me.go.kr/meweb/main/index.jsp

● 한국 야생동식물 보호관리협회 http://kowaps.or.kr

● (사)한국야생동물보호협회 http://www.wildanimals.or.kr

● 멸종위기야생동식물 리스트

http://www.kowaps.or.kr/hi/wd_3_01.html

● 멸종위기야생동식물 화보

http://www.kowaps.or.kr/hi/wd_3_02.html

23. 고래를 보호해 주세요

고래는 지구상에 출현했던 모든 동물 중에서 가장 큰 동물입니다. 공룡보다도 크죠! 안타깝게도 고래는 공룡처럼 멸종할 위기에 처해 있습니다.

고래잡이, 쓰레기, 화학약품, 소음, 낚싯줄 등 많은 것들이 고래를 위협합니다. 고래를 보호하는 데 여러분의 힘을 보태 주세요.

알고 있나요?

● 고래는 포유류입니다. 고래는 비록 바다에 살지만 빨간 피를 가졌고, 우리처럼 공기가 있어야 숨을 쉽니다.

● 고래의 코는 머리꼭대기에 달려 있는데, 이를 '분기공(blowhole)'이라고 합니다. 대왕고래(긴흰수염고래)가 한 번 내뿜는 숨은 풍선 2,000개를

불어서 팽창시킬 수 있는 양입니다.

- 고래 중 가장 큰 것이 바로 대왕고래입니다. 과거와 현재를 통털어 지구에서 가장 큰 동물이죠.
- 전체 고래들 중 10종이 멸종위기로 분류됩니다. 수염고래, 대왕고래, 참고래 등이 여기에 속합니다.

이렇게 하세요

- 그린피스의 '고래 지킴이(Whale Defender)' 에 가입하세요. 지난 30년 간 그린피스는 고래를 보호하는 데 앞장서 왔습니다. 그린피스에서는 어린이들이 언론사와 정치인들에게 어떻게 편지를 써야 하는지, 또 많은 사람들이 고래에 관심을 갖도록 어떻게 유도하는지 등을 알려 줍니다. 하지만 홈페이지가 영어로 되어 있어서 어린이들이 가입하기에는 어려움이 있겠죠? 그럴 때는 '고래야 돌아와!' 를 방문해 보세요. '고래야 돌아와!' 는 그린피스와 우리나라의 환경연합이 연합한 고래 보호 사이트입니다. 주소는 whales.kfem.or.kr/korean/입니다.

학교에서

- 고래보호를 위한 모금행사를 여세요. 캐나다의 한 초등학교에서는 1학년 학생들도 이런 행사를 엽니다. 이들은 집에서 구운 쿠키와 레모네이

드를 판매하고, '고래 호루라기'를 만들어 팔기도 합니다. 여러분도 한 번 시도해 보세요.

친구와 함께 해보세요

친구들과 함께 고래를 직접 보는 기회를 가져 보세요.

● 바닷가나 수족관이 근처에 있다면 살아 있는 고래를 볼 수도 있습니다.

● 그럴 환경이 아니라면, 고래를 다룬 다큐멘터리나 동영상을 보세요. youtube.com/user/danthewhaleman을 방문하면 다양한 고래 동영상을 볼 수 있습니다.

관련 인터넷 사이트

● 고래야 돌아와! http://whales.kfem.or.kr/korean

● 고래사랑 http://awhale.hihome.com

24. 동물원과 수족관을 도와주세요

동물원에서 멸종위기의 동물에게 가족을 맺어 주는 이유는 무엇일까요?
① 기저귀를 좋아하기 때문에 ② 야생동물을 보호하기 위해 ③ 관심 없다
답: ② (멸종위기 동물에게는 이것 말고도 많은 도움이 필요합니다.)

동물원이나 수족관에 가보세요. 코끼리, 낙타, 기린, 펭귄, 뱀, 홍학, 악어, 상어 등의 동물과 사람을 같이 볼 수 있는 유일한 곳이니까요. 동물원과 수족관은 예나 지금이나 다양한 동물을 한꺼번에 볼 수 있는 곳입니다. 그러나 요즘의 동물원과 수족관은 또 다른 중요한 역할을 합니다. 바로 멸종위기 동물을 보호하는 것이죠. 따라서 우리는 동물원과 수족관을 도와야 합니다.

알고 있나요?

● 미국에서 첫 번째 동물원은 필라델피아 동물원으로, 1874년에 문을 열

었습니다. 135년도 더 되었죠? 대중들을 위한 첫 수족관은 이보다 빨리 생겼습니다. 1856년 뉴욕시에서 문을 열었으니까요.

● 동물원이 처음 생겼을 때는 단지 우리 안에 동물을 가두고 사람들이 구경하는 것이 전부였습니다. 그러나 시간이 지나면서 교육과 '보존'을 중요시하게 되었죠. 즉, 멸종위기의 동물을 보호하기 위해 노력하게 되었다는 뜻입니다.

● 일부 동물원은 동물의 자연 서식지와 비슷한 환경을 만들어 주기도 합니다. 예를 들어 샌디에이고 동물원은 호랑이와 말레이시아 태양곰을 위해, 이 동물들이 원래 살았던 아시아 열대우림과 비슷한 환경을 만들었습니다.

● 이는 매우 바람직하긴 하지만, 많은 돈이 들어갑니다.

이렇게 하세요

● 주위에 동물원이나 수족관이 있다면 자주 방문하세요. 그것이 동물원이나 수족관을 돕는 길입니다. 이곳에서 자원봉사를 하는 것도 좋습니다.

● 생일파티를 동물원에서 여는 것도 생각해 보세요. 많은 친구들이 동물원을 방문함으로써 동물원도 돕고, 재미있게 동물에 대한 공부도 할 수 있으니까요.

● 근처에 동물원이나 수족관이 없다면 인터넷을 이용해 보세요. 재미있는 동물원 홈

페이지가 많습니다. 그리고 많은 동물
원 홈페이지들이 어린이들을 위
한 온라인 행사와 캠프를 열고
있습니다.

● 대부분의 동물원들이 '동물
  입양 프로그램' 을 실시하
  고 있습니다. 이를 통해 생
  긴 돈은 모두 동물원 운영에
  이용됩니다. 동물을 입양하
  는 비용이 그리 싸지는 않습니
  다. 그러나 친구들, 혹은 같은 반
  학생들과 함께 조금씩 돈을 모으면 그
  리 어렵지 않습니다.

친구와 함께 해보세요

다음에 소개하는 사이트를 한번 방문해 보세요. 여러분의 친구가 동물원
을 좋아하다면 이 사이트도 매우 좋아할 것입니다.

● greatbluemarble.com/Zoos.htm – 전 세계 40개국의 동물원 사이트
  가 링크되어 있습니다.

● exzooberance.com/zoo and aquarium directory.htm – 100개가 넘
  는 미국 내 동물원과 수족관 홈페이지가 링크되어 있습니다(띄어쓰기를
  주의하세요!).

관련 인터넷 사이트

● 서울대공원 http://grandpark.seoul.go.kr

25. 쓰레기는 쓰레기통에

수께끼를 하나 내겠습니다. 길거리가 쓰레기통처럼 보이는 때는 언제일까요? 정답은 '길거리에 쓰레기가 있을 때'입니다. 별로 재미없죠? 사탕봉지, 음료수 캔, 신문지 등의 쓰레기가 길 위에 있는 것을 보면 아무도 지구 환경에 대해 신경을 쓰지 않는 듯합니다.

더 끔찍한 것은, 쓰레기 때문에 동물들이 다친다는 사실입니다. 심지어 죽을 수도 있습니다.

따라서 쓰레기를 올바로 버리는 것은 동물을 살리는 기회가 된다는 점을 알아야 합니다.

알고 있나요?

● 담배꽁초, 과자봉지, 음식포장지, 음료수 캔이나 종이팩 등이 우리가 가장 흔히 버리는 쓰레기들입니다. 이들 쓰레기가 모

두 여러 방면으로 동물을 죽일 수 있습
니다.

● 다람쥐와 같은 작은 동물은 요구르트병
등의 작은 플라스틱 용기에 머리를 박
고, 남은 음식물을 먹으려 합니다. 그러
다 머리가 빠져나오지 못하게 되어 결국
굶어죽게 됩니다.

● 사슴과 같은 동물은 반쯤 따고 버려진 깡통에 혀를 베이기도 합니다.

● 식스팩 고리(six-pack ring, 음료수나 캔맥주 6개를 한데 묶는 데 사용하는 플
라스틱 고리-옮긴이)는 새, 물고기 등의 동물을 해치거나 질식시킬 수 있
습니다.

● 어른들이 버리는 담배꽁초는 말할 수 없을 정도로 많습니다. 동물들은
담배꽁초를 먹이로 잘못 알고 먹기도 하는데, 이때 그 동물은 죽을 수
도 있습니다.

이렇게 하세요

● 쓰레기는 함부로 버리지 말
고, 꼭 쓰레기통에 버리세요.

● 땅에 버려진 쓰레기를 보면,
주워서 쓰레기통에 버리세요.

● 친구나 가족과 함께 야외에
놀러갈 때는 꼭 쓰레기봉투를
가져가세요. 여러분이 버릴 쓰
레기뿐만 아니라 남이 버린 쓰
레기도 발견하면 즉시 주워 담
으세요.

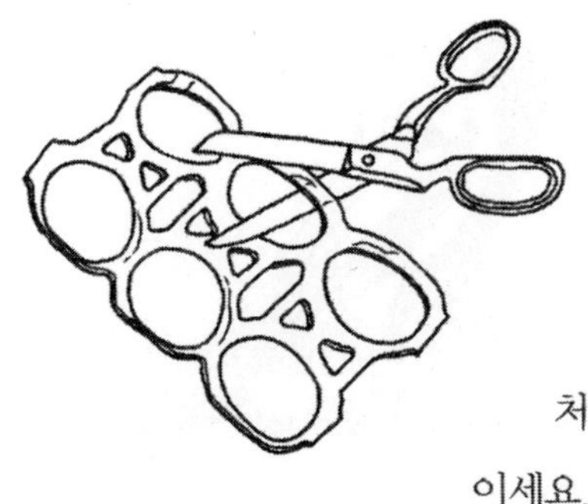

● 식스팩 고리는 잘라서 버리세요. 그래야 동물이 다치지 않습니다.

학교에서

● 여러분도 학교에서 미국의 한 초등학교처럼 '쓰레기는 쓰레기통에 버리기 운동'을 벌이세요.

● 이 학교의 5학년 학생 2명은 교장선생님, 담임선생님과 함께 학생들이 아무데나 버리는 쓰레기의 양을 줄이는 계획을 짰습니다.

● 이들은 반 친구들과 함께 쓰레기통을 사서, 쓰레기를 아무데나 버리지 말자는 운동을 벌였습니다. 그리고 학생 전체가 참여하는 대청소의 날을 제정했습니다.

친구와 함께 해보세요

우리가 버린 쓰레기가 분해되어 다시 지구의 일부가 되기까지는 아주 오랜 시간이 걸립니다. 다음의 쓰레기가 지구의 일부가 되기까지 얼마나 걸리는지 친구에게 문제를 내보세요.

1) 종이 1장 (답: 1개월)

2) 양말 (답: 1년)

3) 알루미늄 캔 (답: 최소 200년)

4) 바나나 껍질 (답: 3~5주)

5) 1회용 기저귀 (답: 20~30년)

6) 플라스틱 식스팩 고리 (답: 450년)

7) 유리병 (답: 매우 오랜 시간이 걸립니다. 아마 100만 년쯤?)

8) 건전지 (답: 100년)

9) 비닐봉지 (답: 10~20년)

10) 플라스틱 음료수 병 (답: 아주 오래 걸립니다. '영원히 불가능하다'라고 말할 정도로)

26. 새둥지를 만들어 주세요

새가 자신이 살 둥지를 스스로 짓는다는 것은 여러분도 알고 있을 겁니다. 그런데 왜 우리가 새들에게, 그리고 박쥐와 다람쥐에게까지 집을 지어 줘야 하는 것일까요?

그 이유는 전 세계의 모든 동물들이 점차 자신의 보금자리를 잃어 가고 있기 때문입니다. 보금자리를 잃은 동물은 죽을 수밖에 없습니다. 여러분이 동물을 가족처럼 여겨, 이들이 머물 보금자리를 만들어 줄 수 있습니다. 요란한 도구는 필요치 않습니다. 단지 우유곽이나 도자기 그릇만 있으면 됩니다.

알고 있나요?

우유곽으로 새둥지를 만드는 방법에 대해 알려 드리겠습니다.

준비물

- 1,800㎖ 빈 우유곽
- 가위 하나
- 철사 60㎝ : 쉽게 구부러지면서 새둥지의 무게를 견딜 만한 것으로 준비할 것

● 못 2개, 망치

● 마른 풀이나 개털

● 방수 테이프

만들기

1. 우유곽 윗부분을 완전히 열어젖힙니다. 그리고 비누로 우유곽 속을 깨끗이 씻습니다.

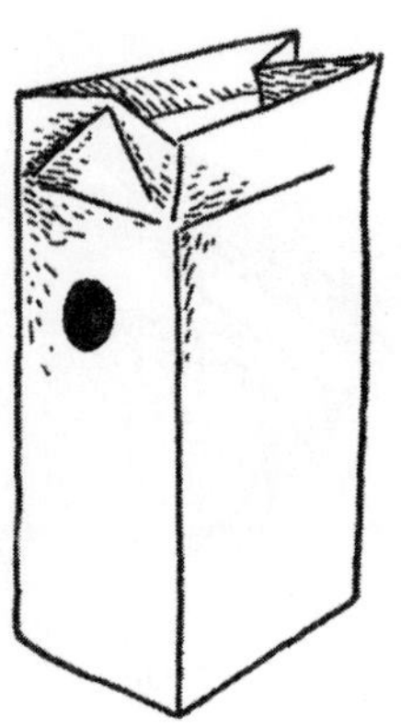

2. 가위를 이용하여 우유곽 한쪽 면에 구멍을 냅니다. 이때 구멍은 문손잡이 크기 정도면 되고, 우유곽이 접혀지는 윗부분에서 10~15㎝ 정도 아래에 만듭니다. 이 구멍이 새가 드나드는 입구가 됩니다.

3. 구멍을 낸 반대쪽 면에는 못을 이용하여 구멍 2개를 뚫습니다. 구멍은 위아래로 뚫는데, 우유곽을 위아래로 3등분하여 위쪽 구멍은 위에서 1/3이 되는 곳에, 아래쪽 구멍은 아래에서 위로 1/3이 되는 지점에 뚫습니다.

4. 철사를 위쪽 구멍에 넣어 아래쪽 구멍으로 뺍니다.

5. 우유곽 바닥에는 마른 풀이나 개털을 깔아 줍니다. 새들에게는 이것이 침대가 되겠죠?

6. 열어젖힌 위쪽을 닫고, 테이프로 단단히 밀봉합니다.

7. 밖으로 나가 기둥이나 나무를 찾습니다. 이때 다른 기둥이나 나무, 건물에 둘러

싸이지 않은 것이 좋습니다. 자신이 만든 둥지에 보금자리를 튼 새를 자주 보려면 집에서 가까운 곳에 있는 것이 좋겠죠? 찾아낸 기둥이나 나무에 30cm 간격으로 2개의 못을 박습니다.

8. 새둥지의 철사를 위아래로 박은 못에 각각 묶어 단단히 고정시킵니다. 새둥지가 떨어지지 않도록 튼튼히 묶였는지 확인합니다. 이제 다 되었습니다.

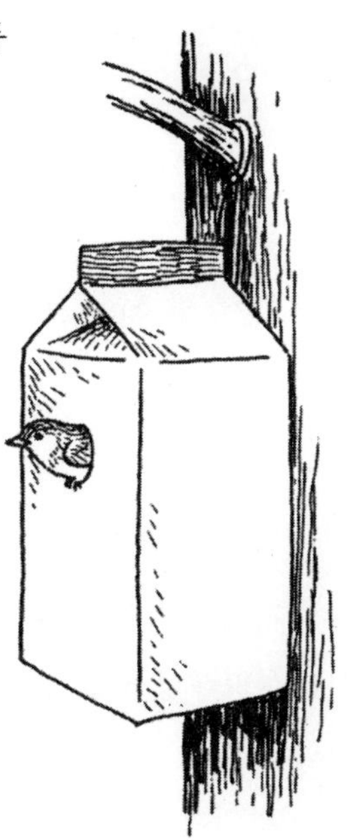

27. 동물을 죽여서 만든 물건은 사지 마세요

읽기 전에 생각해 보기

지난 10년간 아프리카 코끼리의 절반이 사라진 이유는 무엇일까요?
① 늙어서 ② 따뜻한 곳을 찾아 떠나 버려서
③ 상아를 노린 인간들에게 사냥을 당해서
답: ③ (슬프지만 사실입니다.)

슈퍼나 마트에서 물건을 살 때, 여러분이 아프리카의 야생동물이나 돌고래를 구할 수 있다는 것을 상상하기는 어려울 것입니다. 그러나 사실입니다. 쇼핑을 포함한 인간의 모든 행동이 야생동물 보호와 밀접하게 연관되어 있습니다.

알고 있나요?

● 백화점이나 마트에서 파는 상품들 중에는 아프리카나 남미 등지에서 온 물건들이 많습니다. 우리나라 사람들 중에서 그걸 사려는 사람들이 있기 때문이죠.

● 이는 때로 동물들에게 나쁜 영향을 끼치기도 합니다. 예를 들어 상아를 사고 싶어 하는 사람이 있으면, 사냥꾼들이 수많은 코끼리를 죽이기 때문이죠. 전문가들은 이것 때문에

코끼리가 멸종되지나 않을
까 걱정해야 할 정도니까
요. 이런 끔찍한 비극은 사
람들이 동물을 죽여야 얻을
수 있는 것들을 갖고 싶어 하
기 때문에 일어납니다.

- 지금은 돌고래가 고난을 겪
고 있습니다. 돌고래는
지구상의 동물들 중에서
가장 똑똑합니다. 큰 두
뇌를 가졌고, 자기들끼리
의사소통을 합니다. 심지어는 사람하고
도 의사소통을 할 수 있을 정도로 뛰어난 생물입니다.

- 돌고래는 황다랑어(참치의 일종―옮긴이) 옆에서 수영하는 것을 좋아합니
다. 그래서 참치잡이 어부가 참치를 잡기 위해 그물을 놓으면, 그 안에
돌고래가 함께 잡히는 경우가 많습니다. 최근 몇 년간 그물에 걸려 죽
은 돌고래는 650만 마리가 넘습니다.

- 문제는 어부들이 놓는 그물에, 어부들이 원하지 않는 어류까지 잡힌다
는 것입니다. 어부들은 그물에 걸린 돌고래를 죽이거나, 그냥 죽게 내
버려 둡니다. 그들에게는 돌고래가 전혀 쓸모없기 때문입니다.

이렇게 하세요

- 상아, 거북이 껍질, 산호, 도마뱀 가죽 등 동물을 이용해 만든 물건은
절대 사지 마세요. 이들은 모두 멸종위기의 동물이나 식물을 죽여야 얻
을 수 있는 것들입니다.

- 여러분의 지역에 멸종위기 동식물이 있는지 알아보세요. 지역 공원이

나 자연박물관을 찾아 어떤 식물이 보호받아야 하는지 알아보고, 그런
식물은 절대 꺾거나 뽑지 맙시다.

● 참치를 먹는 것이 잘못된 것은 아니지만, 참치를 잡는 방법은 옳지 못
합니다. 선택권은 여러분에게 있습니다. 참치를 좋아하더라도, 참치를
잡을 때 돌고래가 죽임을 당한다는 사실을 알면 참치를 사지 않을 수도
있습니다.

관련 인터넷 사이트

● 한국의 야생동식물 http://nre.me.go.kr

● 한국청소년야생동식물보호단 http://www.wap.or.kr

● 한국녹색회 http://www.greenclub.org

● 야생동물연합 http://www.wildkorea.org

● 초록빛깔사람들 http://greenpeople.or.kr

제 5 부

지구를

푸르게

푸른 지구에 대한 생각

사람의 얼굴이 푸르다면 건강이 좋지 않은 상태지만, 지구가 푸르게 보인다면 환경이 매우 좋다는 뜻입니다.

지구가 푸르다는 것은 식물이 잘 자란다는 뜻입니다. 또한 땅도 기름지고, 물도 풍부하며, 공기도 맑다는 뜻입니다. 동물에게는 먹이와 서식지가 있음을 뜻합니다.

따라서 누구든 지구를 푸르게 지키는 데 도움이 될 수 있다는 것은 좋은 소식이 아닐 수 없습니다. 별로 어려운 것도 아닙니다. 묘목을 심어 물을 주고, 그것이 자라나는 모습을 지켜보기만 하면 됩니다. 종이를 아끼는 것만으로도 나무가 잘리는 것을 예방할 수 있습니다. 이미 자란 나무라면, 그것을 더 잘 자라도록 보살펴 주면 됩니다. 나무의 중요성은 또 있습니다. 그것은 바로 지구온난화를 억제하고, 우리가 숨쉴 수 있는 산소를 공급한다는 점입니다.

이처럼 지구를 푸르게 가꾸는 것은 곧 우리 인간에게 큰 이익이 됩니다. 이제부터라도 나무를 심어 보세요.

28. 장을 볼 때는 장바구니를 가져가세요

읽기 전에 생각해 보기

다음 중 장을 볼 때 물건을 담기 가장 좋은 것은 무엇일까요?

① 비닐봉지 ② 장바구니 ③ 종이봉지

답: ② (여러 번 사용할 수 있는 장바구니가 제일 좋습니다.)

우리가 사는 물건을 일일이 비닐 봉지 등에 담아 주는 것이 이상하다고 생각해 본 적이 없나요? 캔디바, 과자 등을 단 1개만 사도 비닐봉지에 담아 주죠. 이미 포장되어 판매되는 제품을 다시 포장해 주다니, 정말 이상한 짓 아닌가요?

그런데 늘 이런 상황이 일어납니다. 그리고 사람들은 그렇게 사용된 비닐봉지를 그냥 버리죠. 엄청난 낭비라는 생각이 들죠? 포장에 사용되는 것들은 모두 지구의 자원으로 만들어집니다. 종이봉지는 나무로, 비닐봉지는 석유로 만들죠. 그리고 이런 포장용지를 만드는 과정에서 공해가 생깁니다. 여러분이 필요 없는 포장에 대해서는 "담아 주지 않아도 됩니다"라고 거절한다면, 상황이 바뀔 수 있습니다.

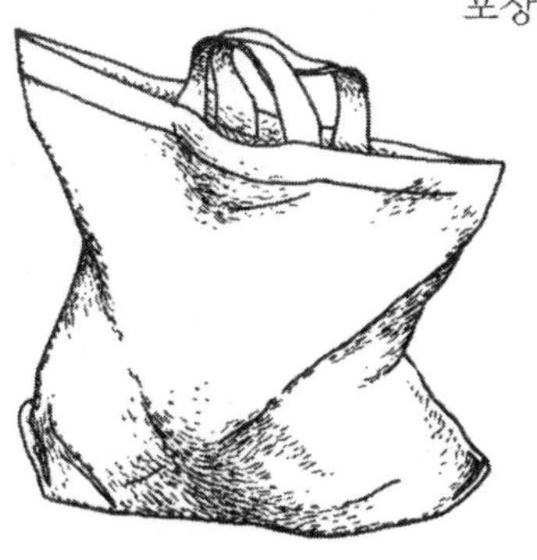

알고 있나요?

● 미국인들이 1년에 식료품 포장에 쓰는 봉지는 400억 개에 이릅니다. 얼마

나 많은 양인지 감이 오지 않는다고요? 그럼 이렇게 생각해 보세요. 여러분이 400억 개를 세는 데만 1,200년이 걸린다고요. 어마어마한 양이죠?

● 1부터 5까지 숫자를 세보세요. 여러분이 숫자를 세는 약 5초 동안 미국에서는 6만 개의 봉지가 식료품 포장에 사용된 셈입니다.

● 하루로 치면 매일 1억 개가 넘는 봉지가 사용되는 것입니다.

이렇게 하세요

● 작은 물건을 살 때는, 점원에게 담아 주지 않아도 된다고 말하세요. 공손하게 "담아 주지 않으셔도 돼요. 전 환경을 생각하거든요"라고 말하면 됩니다.

● 만일 여러분이 말하기 전에 점원이 이미 비닐봉지 등에 담았다면, 그걸 다시 되돌려 주세요. 점원이 이상하게 보더라도, 여러분은 옳은 행동을 하고 있다는 뿌듯함을 느낄 겁니다.

● 장을 보러 갈 때는 시장바구니를 꼭 챙기세요. 아무 가방이나 괜찮습니다.

다시 사용하기

● 꼭 종이봉지나 비닐봉지를 사용해야 한다면, 전에 썼던 것을 다시 사용하세요.

● 물건을 사러 갈 때 전에 사용했던

비닐봉지나 종이봉지를 갖고 가는 겁니다.

● 미국의 평균 가정에서 식료품 포장에 이미 사용한 종이봉지를 3번만 다시 사용한다면, 1년에 25kg의 종이가 절약됩니다.

● 여러분의 부모님이 장을 보러 가신다면, 이미 사용한 봉지나 장바구니를 갖고 가시도록 말씀드리세요.

친구와 함께 해보세요

친구와 함께 마트나 슈퍼로 가세요. 그리고 카운터에서 사람들이 물건을 담아 가는 데 쓰는 비닐봉지나 종이봉지를 모두 세어 보세요. 약 10~15분간 세어 봅니다. 그리고 우리나라 전체에서 하루에 사용되는 비닐봉지나 종이봉지가 얼마나 될지 상상해 봅니다. 단순히 물건을 담아 가는 봉투를 만들기 위해 얼마나 많은 나무가 베어지는지, 얼마나 많은 석유가 들어가는지 상상해 봅니다.

29. 나무를 심어 보세요

종이, 열매, 목재, 새와 동물의 보금자리, 공기 정화……. 우리에게 이렇게 많은 이로움을 주는 것이 나무 이외에 또 있을까요? 있다면 지구환경을 보존하는 데 큰 도움이 되겠지만, 나무를 대신할 수 있는 것은 지구상에 없습니다. 그래서 그만큼 나무가 중요한 것이죠.

우리는 온 세상을 나무로 가득 채워야 하고, 여러분이 그것을 도울 수 있습니다. 여러분이 직접 나무를 심는 것이죠.

알고 있나요?

● 몇몇 전문가에 따르면, 미국인 평균 한 사람이 1년에 쓰는 종이, 목재, 기타 나무가 들어가는 물건을 만드는 데는 나무 7그루가 필요하다고 합니다. 미국 전체 인구로 따지면 1년에 15억 그루가 됩니다.

● 나무는 사람과 동물이 숨을 내쉴 때 내뿜는

이산화탄소를 빨아들임으로써 지구온난화 억제에 도움이 됩니다. 이산화탄소는 자동차, 공장처럼 석유와 석탄을 연소시킬 때도 발생합니다.

● 예전에는 공기 중에 이산화탄소가 많지 않았지만, 지금은 그렇지 못합니다. 수많은 자동차와 공장들이 전 세계에서 동시에 이산화탄소를 내뿜는데, 그것을 빨아들이는 나무는 베어지고 있기 때문입니다.

● 나무는 그늘도 만들어 줍니다. 더운 날, 주위에 나무가 있어 그늘이 진 집은 그렇지 않은 집보다 훨씬 더 시원합니다. 이런 집은 냉방에 들어가는 에너지가 훨씬 절약되죠(10~50% 정도 절약됩니다). 그러면 발전소에서 에너지를 만들기 위해 그만큼 석탄을 덜 때게 됩니다. 따라서 나무는 지구를 구하는 존재라고 할 수 있습니다.

● 나무를 심는 것은 재미도 있으면서, 여러분이 지구환경을 보호할 수 있는 가장 좋은 방법이기도 합니다. 여러분이 심은 나무는 공기 중의 이산화탄소를 빨아들이고, 멋진 풍경과 그늘을 제공하며, 야생동물을 불러들입니다. 여러분은 자신이 심은 나무와 함께 자라날 것이며, 자신과 나무가 지구환경을 지킨다는 것이 자랑스러울 것입니다.

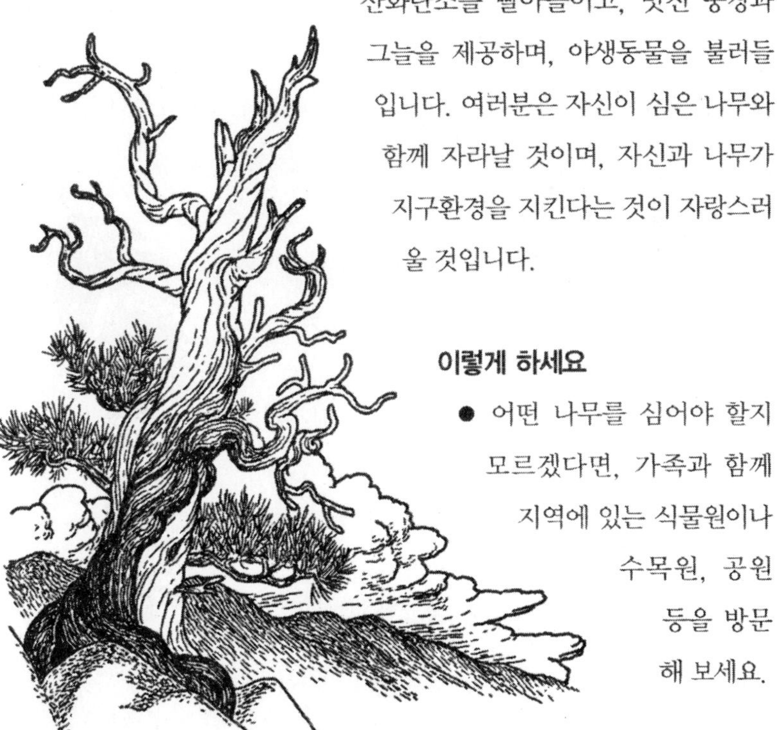

이렇게 하세요

● 어떤 나무를 심어야 할지 모르겠다면, 가족과 함께 지역에 있는 식물원이나 수목원, 공원 등을 방문해 보세요.

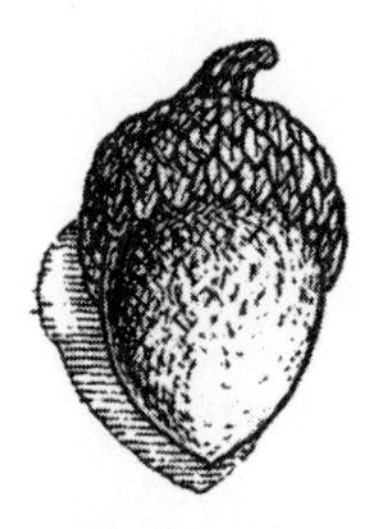

● 이런 곳에서 일하는 분들은 나무에 대해 깊은 지식을 갖고 있어서 여러분이 도움을 받을 수 있습니다. 즉, 어떤 나무가 빨리 자라는지, 물을 적게 줘도 되는 나무는 무엇인지 등에 대한 여러분의 궁금증을 해결해 줄 것입니다. 또한 새와 동물이 좋아하는 나무는 무엇인지 등에 대한 정보도 얻을 수 있습니다.

● 부모님과 함께 근처 화원에 가서, 어떤 나무를 어디에 심어야 좋을지 의견을 구하세요. 나무를 심을 공간은 얼마나 되는지, 토양은 어떤 종류인지, 나무를 심을 곳의 기후는 어떤지 등에 대해 말하고, 여기에 적합한 나무를 고를 수 있도록 도움을 요청합니다.

● 나무를 심을 곳은 알맞은 양의 햇빛이 들고 물이 적당히 빠지는 흙이 있어야 합니다. 물이 지나치게 잘 빠지는 흙이라면 금방 말라 버리고, 반대로 물이 잘 빠지지 않는 곳이라면 습기가 많아 나무뿌리가 썩게 됩니다.

● 지면관계상 여기에서 나무를 심는 모든 과정과 방법을 충분히 설명할 수는 없습니다. 그러나 나무를 심는 것은 여러분이 생각하는 것보다 쉽습니다. 보다 자세한 사항은 산림청 홈페이지(forest.go.kr)를 방문하여 ‘Green지식’ → ‘나무교실’ 을 참조하세요.

● 동네 이웃, 학교 친구들과 함께 나무 심기에 대해 말해 보세요. 많은 사람들이 나무 심기에 대해 좋은 반응을 보일 것입니다. 특히 여러분이 나무의 중요성, 나무와 지구환경의 관계에 대해 말한다면 더욱 그럴 것입니다.

30. 식물을 길러 보세요

수수께끼를 하나 내겠습니다. 컴퓨터보다 복잡하고, 물에서도 뜨며, 건전지나 전기가 없어도 불을 켤 수 있고, 초콜릿과 바닐라를 만들 수 있는 녹색 물체는 무엇일까요? 정답은 '식물'입니다.

식물에 대해 곰곰이 생각해 보면, 식물이 정말 놀라운 존재임을 알게 됩니다. 모든 식물은 크기에 관계없이 공기를 맑게 하고, 지구를 푸르게 만들어 줍니다.

지금 지구는 큰 도움을 필요로 합니다. 여러분은 식물의 씨앗을 심고 물을 주는 것만으로도 지구를 도울 수 있습니다. 자신이 심은 식물이 자라는 모습을 관찰하면서 지구를 돕고 있다는 사실을 알게 되면 저절로 뿌듯함을 느끼게 됩니다.

● 모든 식물과 동물은 서로 의존적인 관계에 있습니다. 사람과 동물은 식물이 만들어 내는 산소를 마심으로써 숨을 쉽니다. 식물은 사람과 동물이 내뿜는 이산화탄소를 필요로 합니다.

● 식물은 공기 중에 있는 오염물질을 빨아들임으로써 공기 오염을 줄여 주기도 합니다.

● 그런데 많은 식물들이 도로, 주차장, 집, 사무실 등을 만들기 위한 공간 때문에 매일 불도저에 의해 짓밟히고 있습니다.

● 만약 모든 미국인들이 2개씩 씨앗을 심는다면, 얼마가지 않아 3억 개 이상의 식물이 추가로 자라서 지구를 보다 살기 좋은 곳으로 만들 것입니다.

이렇게 하세요

집에서 식물 기르기

● 우선 기르고 싶은 식물을 정하세요. 채소, 꽃, 허브 등이 창가에서 기르기 쉽습니다.

● 채소 중에서는 꽃상추, 양상추 등 선택의 폭이 넓습니다. 여러분이 직접 기른 채소를 밥상에 처음 올리는 순간, 여러분은 매우 자랑스러워질 것입니다. 그리고 직접 먹어 보면 그 신선한 맛에 놀랄 것입니다.

● 음식 향신료로 쓰이는 허브는 차이브, 파슬리, 오레가노 등이 기르기 쉽습니다. 꽃도 알리숨, 페튜니아, 금잔화 등

기르기 쉬운 것들이 많습니다.

● 무엇을 기를지 결정했다면 화원이나 인터넷을 통해 씨앗을 구입합니다. 씨앗을 구입할 때는 화분용 영양토(potting soil), 유기농 비료도 같이 구입하세요.

● 식물의 씨앗을 심는 자세한 과정은 인터넷을 참조하세요.

학교에서 식물 기르기

● 미국의 한 초등학교에서는 학생들이 학교에 식물을 심고, 그것을 재배하여 점심급식에 이용합니다.

● 또 다른 초등학교의 4학년 학생들은 웹사이트(library.thinkquest.org/3715)를 만들어 식물에 대한 정보를 제공합니다.

친구와 함께 해보세요

친구와 함께 다음의 OX 문제를 풀어 보세요.

1. 찻숟갈 1개 분량의 흙속에는 20억 마리의 박테리아, 수백 만 마리의 효
   모균 등이 들어 있다. (정답: O)

2. 과학자들이 발견한 꽃 중에는 수명이 1억 2,000만 년이 된 꽃도 있다.
   (정답: O)

3. 지구상에는 500종 이상의 육식식물이 있다(그중에는 소고기를 먹는 식물
   도 있다). (정답: O)

4. 하루에 90㎝ 이상 자라는 대나무도 있다. (정답: O)

네! 모두 O입니다. 세상에는 정말 놀라운 것들이 많죠?

관련 인터넷 사이트

● 풀꽃세상을 위한 모임

　http://www.fulssi.or.kr/home/bbs/board.php?bo_table=fulkkot

31. 종이는 재활용하세요

나무는 1년 이상 자라야 종이를 만들 수 있습니다. 그리고 우리가 사용할 종이를 모두 만들려면 많은 숲이 희생되어야 합니다.

이미 사용한 종이를 다시 새 종이로 만든다면 얼마나 좋을까요? 그러면 그만큼 나무를 덜 잘라도 되고, 지구가 푸르게 남아 있을 테니까요.

우리가 종이를 재활용하는 것은 바로 이 때문입니다. 그게 정말 가능하냐고요? 물론 가능하죠. 여러분이 보는 이 책이 바로 그렇게 재활용한 종이로 만들어졌습니다.

알고 있나요?

● 미국인들은 1년에 9,000만 톤의 종이를 사용하며, 이는 1인당 270kg이 넘는 양입니다.

● 그 양이 얼마인지 잘 모르겠다고요? 4인 가족이 1년에 쓰는 종이가 큰

자동차 무게만큼 된다면 감이 잡히나요?

● 그 종이를 모두 만들려면 10억 그루의 나무가 필요합니다.

● 만약 모든 미국인들이 자신이 읽은 신문지를 재생한다면, 매주 50만 그
루의 나무를 베지 않아도 됩니다.

● 종이가 재생되는 과정은 간단합니다. 우선 이미 사용한 종이를 찢고 짓이겨 펄프를 만들고, 이것을 다시 종이로 만듭니다. 너무 간단해서 여러분도 직접 할 수 있습니다(뒤에 나오는 '환경생태 실험 7'을 참조하세요).

이렇게 하세요

● 종이는 종류에 상관없이 모두 재활용하세요.

● 종이를 재활용하려면, 우선 신문지를 쌓아 놓을 장소가 필요합니다. 그리고 다른 종이를 모아둘 상자도 1~2개 준비하세요.

● 다 먹은 시리얼 박스, 다 쓴 종이는 휴지통에 버리지 말고, 앞에서 준비한 상자에 모아 둡니다. 다 본 신문지도 적절한 곳에 쌓아 두세요.

● 앞서 7장 '재활용센터를 찾으세요'에서 말한 내용을 실천했다면, 어떤 종이가 재생이 가능한지, 어떻게 가져가야 하는지, 어디로 가져가야 하는지 등에 대해 이미 알고 있겠죠? 아직 7장 내용대로 하지 않았다면

다시 되돌아가서 실천해 보세요.

친구와 함께 해보세요

친구들에게 각자 집에서 재생이 가능한 종이를 1주일간 모으라고 말하세요. 그리고 저울로 그 무게를 재도록 합니다. 여기서 나온 무게에 52를 곱하도록 말하세요(1년이 52주이기 때문입니다). 그러면 1년간 친구의 가족들이 얼마나 종이를 사용하는지가 나옵니다. 아마 그 양에 모두 놀랄 것입니다.

관련 인터넷 사이트

● 재생종이 정보모음 http://www.green-paper.org

32. 열대우림을 보호해 주세요

‘열대우림’ 이라는 단어를 들으면 먼 나라에 있는 낯선 느낌이 들지 않나요? 열대우림이 우리와 무슨 상관이 있기에 그토록 사람들의 입에 오르내리는 걸까요? 왜 열대우림이 중요한 것일까요?

적도지방의 열대우림은 울창하고 습도가 높은 곳이며, 앵무새, 원숭이, 재규어 등의 동물과 원주민들이 사는 터전입니다.

열대우림에는 나무가 매우 많아서 전 세계 기후, 심지어 우리가 숨쉬는 공기에까지 큰 영향을 끼칩니다.

그런데 최근 몇 년간 열대우림의 나무들이 많이 잘려 나갔습니다. 더 이상 열대우림이 파괴되어서는 안 되며, 여러분이 이를 도울 수 있습니다.

알고 있나요?

● 열대우림이 지구에서 차지하는 면적은 작지만, 전 세계 동식물의 반 이상이 열대우림에 살고 있습니다. 열대우림이

사라지면서 많은 동식물이 살 터전을 잃고 있습니다.

- 인간은 암, 심장병 등 여러 질병에 중요한 약재를 열대우림에 서식하는 식물에서 얻습니다. 열대우림이 사라지면 이런 식물도 사라지고, 필요한 약도 영원히 만들 수 없게 됩니다.

- 열대우림은 1분당 40만㎡ 이상이 파괴되는 것으로 추정됩니다. 이대로라면 20~30년 안에 지구상에서 열대우림이 사라질 것입니다.

이렇게 하세요

- 전 세계 열대우림에 사는 동식물, 원주민에 대해 공부하고, 그 지식을 다른 사람들과 나누세요.

- 열대우림을 없애고 만든 방목장에서는 소를 기릅니다. 이런 곳에서 기른 소고기가 들어간 햄버거를 사지 마세요.

- 부모님께 열대우림의 나무(자단, 흑단, 마호가니, 티크나무 등)로 만든 제품은 사지 말도록 말씀드리세요.

친구와 함께 해보세요

- 어린이라도 열대우림 보호에 크게 기여할 수 있다는 것을 친구들에게 보여 주세요. kidssavingtherainforest.org를 방문해 보세요. 2명의 어

린 소녀로 시작된 단체가 코스타리카의 열대우림 보호를 위해 애쓴 얘기가 나옵니다. 이들은 원숭이 다리, 동물 보호소, 열대우림 조성, 어린이 캠프 등의 큰 업적을 이뤘습니다. 사이트가 영어로 되어 있지만, 사진과 동영상만 봐도 이들이 어떤 일을 했는지 알 수 있습니다.

관련 인터넷 사이트

● 환경상식 열대림행동계획

http://www.kfem.org/bbs/zboard.php?id=sence&no=117

33. 국산 농산물을 먹어요

읽기 전에 생각해 보기

다음 중 농장에서 발견할 수 있는 것은 무엇일까요?

① 신선한 과일 ② 거대한 로봇 ③ 합창단

답: ① (농장에서는 맛있는 여러 과일을 재배합니다.)

부엌으로 가서, 농산물이 국산인지 수입산인지 한번 보세요. 아마 외국에서 수입된 것들이 몇몇 있을 것입니다. 외국에서 수입한다는 것은 그 과정에서 많은 에너지가 소비되고, 환경오염이 유발된다는 의미가 됩니다. 자기 나라에서 생산되는 농산물이 있는데도 수입농산물을 사야 할 이유는 없습니다.

국산농산물을 먹으면 지구의 자원(에너지)도 절약하고, 보다 신선한 것을 먹을 수 있습니다. 물론 맛도 더 좋죠. 이만하면 국산농산물을 먹어야 할 이유가 충분하죠?

알고 있나요?

● 우리나라의 경우 대부분의 농수산물 및 식품재료들은 외국에서 수입이 됩니다. 가격이 싸다는 이유 때문이죠.

● 예를 들어 포도와 포도주는 칠레에서 많이 수입되는데, 우리나라와 칠

레와의 FTA(자유무역협정) 때문에 싼 값에 들어오기 때문입니다. 중국에
서 거의 대부분의 농수산물이 수입됩니다.

● 이 과정에서 많은 에너지(항공기, 선박, 자동차에 들어가는 연료)가 소모되
며, 그 과정에서 오염물질이 배출되어 지구온난화를 가속화합니다. 칠
레에서 미국으로 포도가 배로 수입되는 과정에서 7,000톤의 온실가스
가 배출되는데, 이는 자동차 1,200대가 내뿜는 분량과 맞먹습니다. 칠
레에서 우리나라로 올 경우에는 이보다 몇 배가 더 많은 온실가스가 배
출되겠죠?

● 또 하나 생각해 봐야 할 점은, 국산농산물을 먹음으로써 우리나라 농부
를 돕고, 농경지가 없어지는 것을 막을 수 있다는 점입니다. 우리가 국
산농산물을 사주면, 농부들이 농경지를 없애고 거기에 집을 지으려는
사람들에게 땅을 팔 필요가 없어지는 것이죠.

이렇게 하세요

● 인터넷을 통해 국내에서 재배되는
농산물과 재배할 수 없는 농산물이 무
엇인지 알아봅니다.

● 가족들과 상의를 하여, 장을 볼 때
적어도 1만원은 국산농산물 구입에 쓰
도록 합니다. 1주일에 한 번은 국산농
산물을 하나 이상 먹는 것도 괜찮습
니다.

● 1년에 한 번, 농작물이 많이 수확되
는 10월에는 '국산농산물 먹기 주간'을 정합니다. 이 주간에는 가정과
학교에서 1주일간 국산농산물만을 먹는 것이죠.

● 자주 가는 식당이나 분식점에 국산농산물을 쓰도록 말해 봅니다.

친구와 함께 해보세요

친구들과 함께 국산농산
물이 쓰이는 식당이
나, 그것을 파는
곳을 견학해 보
세요.

- 국산농산
  물 직거래장
  (농부들이 자신
  이 재배한 농산
  물을 직접 도시 소비자들에게 팔기 위한 행사를
  여는 곳)을 방문해 봅니다.
- 가까운 농장이나 농촌학습 체험장을 직접 방문해 봅니다.
- 국산농산물을 판매하는 마트나 농협직판장을 방문해 봅니다.
- 부모님과 함께 주말농장에 가는 것도 고려해 보세요. 주말농장은 참여
  자들이 주말마다 직접 농사를 짓고, 그 농작물을 집으로 가져갈 수 있
  습니다.

관련 인터넷 사이트

- (사)흙살림 http://heuk.or.kr
- 친환경상품진흥원 http://shop/ecoi.go.kr
- (사)생태유아공동체 http://ecokid.or.kr

34. 유기농 농산물을 먹어요

농산물이 '유기농' 이라고 할 경우, 유기농의 의미는 다음 중 무엇일까요?
① 농산물이 유기로 되어 있다.
② 기농이라는 사람이 기른 농산물이다.
③ 농약이나 기타 해로운 화학약품을 쓰지 않고 기른 농작물이다.
답: ③ (농약을 쓰지 않은 농산물을 뜻합니다.)

신선한 과일과 채소가 몸에 좋다는 것은 누구나 알고 있습니다. 그러나 한 가지 더 생각할 점이 있습니다. 과일과 채소를 우리 몸에 좋도록 재배하는 것은 지구를 위해서도 바람직하다는 점입니다. 이처럼 우리 몸에도 좋고 자연친화적으로 기르는 농작물이 바로 유기농 농산물입니다. 유기농은 인간과 야생동식물에 모두 이롭고, 공기나 물, 흙을 전혀 오염시키지 않습니다.

알고 있나요?

● 유기농 농산물에는 해충을 죽이기 위한 농약을 전혀 쓰지 않습니다. 또한 농작물이 빨리 자라도록 하는 인조비료도 전혀 쓰지 않습니다.

- 유기농법으로 농사를 짓는 농부들은 보다 안전한 방법으로 해충을 다스리고 흙에 영양분을 공급합니다. 이는 매우 중요합니다. 농약과 인조비료는 물에 씻겨서 강, 호수, 하천으로 흘러들어가 오염시키기 때문입니다. 또한 땅에 스며들면 지하수도 오염시킵니다.

- 농약과 인조비료는 동물들에게도 해를 끼칩니다. 코스타리카에서 그런 사례가 있었습니다. 바나나 농장에서 뿌린 농약이 바람을 타고 열대우림까지 날아갔는데, 이 때문에 그 열대우림에 살던 개구리를 비롯한 여러 양서류들이 멸종되었습니다.

- 유기농 농산물에는 농약 외에도 항생제, 호르몬제, 방부제, 인조 향료 등의 화학약품이 들어 있지 않으며, 유전자변형을 하지 않습니다. 이것들이 무엇인지 잘 모르겠다면 인터넷을 이용해 보세요. 우리가 먹는 많은 식품에는 이런 화학약품이 많이 들어 있답니다.

- 유기농 농산물과 식료품을 구분하는 방법은 쉽습니다. 겉을 잘 보면 유기농 인증마크가 붙어 있으니까요.

이렇게 하세요

- 유기농 농산물을 먹어 보세요. 식습관을 한번에 바꾸려 하지 말고, 한두 개부터 시도하세요. 그러면서 차츰 유기농 농산물 섭취를 늘려 가세요.
- edutopia.org/edible-schoolyard-video를 한번 방문해 보세요. 미국의 한 학교에서 학생들이 직접 유기농 농산물을 심고 가꾸는 영상입니다. 여러분의 학교도 저렇게 할 수 있도록 학교에 건의해 보세요.

친구와 함께 해보세요

친구들이 유기농 먹을 거리에 대해서는 알아도 유기농 티셔츠가 있는 것은 모를 겁니다. 유기농 티셔츠는 유기농으로 재배한 면을 사용하여 만든 티셔츠를 말합니다. 잠옷, 청바지, 샴푸, 비타민, 담요, 베개, 애완동물 먹이, 양초, 장난감 등, 유기농으로 된 제품은 무척 많습니다. 인터넷에서 '유기농'으로 검색하면 유기농 매장이 매우 많음을 알 수 있습니다. 친구들과 함께 검색해 보세요.

관련 인터넷 사이트

- 한살림유기농 http://hansalim.or.kr
- 두레생협연합 http://dure.coop

제 6 부

현명한

에너지 사용

에너지에 대한 생각

제가 어렸을 때 우리 동네에는 발전소가 있었습니다. 그 발전소는 긴 굴뚝이 3개 있던 큰 벽돌 건물이었고, 건물 밖에는 큰 금속선과 기계가 있었습니다. 발전소 안에서는 일꾼들이 석탄을 때서 전기에너지를 만들어 냈습니다. 그와 함께 굴뚝에서는 석탄을 땐 연기가 하늘로 뿜어져 나왔습니다. 그 발전소 옆을 지나갈 때면 어머니께서는 굴뚝에서 나오는 검은 연기를 가리키며 "저게 세상에서 제일 더러운 곳이야. 저 발전소를 폐쇄해서 더 이상 공기를 오염시키지 못하도록 해야 해"라고 말씀하시곤 했습니다. 그러나 생각해 보면, 당시에는 발전소를 폐쇄하려면 뭘 해야 하는지, 또 그렇게 해서 전기 생산이 중단되면 어떻게 해야 할지는 몰랐던 것 같습니다.

그러나 지금은 그때보다 많은 것을 알게 되었습니다. 에너지를 절약하면 그만큼 발전소를 짓지 않아도 된다는 것을 알게 되었고, 태양에너지나 풍력처럼 보다 깨끗한 에너지를 이용하여 전기를 생산하는 방법도 알게 되었죠.

또한 발전소에서 내뿜는 오염물질이 사람만을 병들게 하는 것이 아니라 지구도 또한 병들게 한다는 사실도 알게 되었습니다. 발전소에서 나오는 오염물질은 전 세계의 기후를 변화시키고 있습니다. 머지않아 지구는 야생동물이 살기에 너무 춥거나 너무 덥게 변할지도 모릅니다. 우리의 삶도 그만큼 위험해지겠죠.

이미 몇몇 사람들은 에너지 사용을 줄여서 하늘, 하천, 땅을 깨끗하게 만들기 위해 노력하고 있습니다. 그리고 재생가능 에너지 분야가 큰 발전을 이루고 있습니다.

여기에서는 여러분이 에너지를 효율적으로 이용하여 지구환경을 보호할 수 있는 방법에 대해 알아보겠습니다.

– 카리나 러츠(Karina Lutz, 〈Home Energy Magazine〉)

35. 충전지를 이용하세요

여러분은 집에 건전지로 움직이는 장난감이나 전자제품이 몇 개는 있겠죠? 아마 건전지가 다되면 새로 구입을 하겠죠? 그런데 다 쓴 건전지는 어떻게 처리하나요? 그냥 버리지는 않나요?

건전지를 그냥 버리는 것은 환경을 파괴합니다. 건전지에는 위험한 화학물질이 들어 있는데, 이것이 땅속으로 스며들 수 있기 때문입니다. 또한 건전지를 버릴 때마다 여러분은 귀중한 지구의 자원을 낭비하는 셈입니다.

이런 상황에서 계속 반복해서 쓸 수 있는 건전지가 있다는 것은 좋은 소식이 아닐 수 없습니다. 이런 건전지를 '충전지' 라고 합니다.

알고 있나요?

- 미국인들은 해마다 30억 개의 건전지를 구입합니다. 이는 어린 유아까지 포함하여 미국인 1인당 10개의 건전지를 사용하는 셈입니다.
- 이들 건전지 대부분은 1회용 건전지입니다. 그러나 충전지를 구입하면 여러 번 사용이 가능합니다.

- 충전지를 쓰는 방법은 간단합니다. 충전지를 다 쓰면 '충전기' 라고 불리는 작은 상자에 넣고, 전기 플러그를 꽂으면 됩니다.
- 그러면 충전기가 전기를 빨아들여 충전지로 보내어 충전을 시킵니다.
- 이렇게 얼마간 충전을 시키면 충전지를 다시 사용할 수 있습니다.
- 충전지라고 해서 완벽한 것은 아닙니다. 그러나 한 번 쓰고 버리는 일반 건전지보다는 환경에 좋습니다. 충전지는 한 번 구입하면 일반 건전지 1,000개(1회용 알카라인 건전지 기준)를 쓰는 만큼 재사용이 가능합니다. 1,000개의 일반 건전지와 맞먹는다니, 정말 놀랍죠?

이렇게 하세요

건전지를 효율적으로 사용하세요

- 오랫동안 쓰지 않는 전자제품이나 장난감일 경우, 건전지를 빼놓도록 합니다. 오랫동안 사용하지 않으면 건전지에서 액체가 새어 나와 제품을 망가뜨릴 수 있습니다.

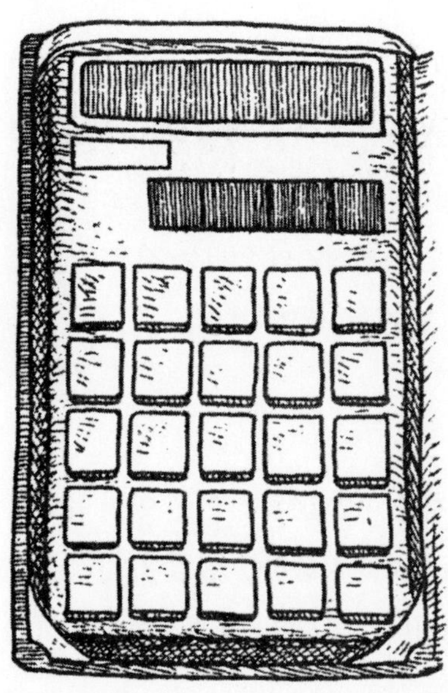

- 건전지, 혹은 건전지가 들어간 제품을 너무 덥거나 뜨거운 곳에 두지 맙시다. 열기가 건전지의 수명을 단축시킵니다.
- 건전지가 2개 이상 들어갈 경우, 낡은 건전지와 새 건전지를 함께 사용하지 마세요. 새 건전지의 수명이 보다 빨리 단축됩니다.
- 전기 플러그를 이용할 수 있는 제품이라면, 가급적 건전지를 쓰지 말고 전기 플러그를 뽑고 사용하세요. 또는 태양에너지 계산기처럼

건전지 외의 에너지도 사용할 수 있는 제품을 사용하세요.

'충전지'를 사용해 보세요

● 부보님께 충전지와 충전기를 구입하도록 말씀드려 보세요.
● 처음 구입할 때의 비용은 일반 건전지보다 많이 들지만, 여러분이 건전지를 많이 사용한다면 결국에는 훨씬 절약할 수 있는 선택이 됩니다.

건전지는 재활용하세요

● 건전지, 특히 충전지는 재활용이 가능합니다.
● 건전지와 충전지를 재활용하는 것은 지구의 환경에 아주 유익합니다. 수백만 개의 건전지가 쓰레기장으로 향하는 걸 막을 수 있고, 건전지를 만드는 데 들어가는 일부 물질을 다시 재활용함으로써 환경오염도 막을 수 있기 때문이죠.
● 7장을 참고하여, 여러분 지역에서 건전지를 재활용할 수 있는 곳이 있는지, 그리고 그 방법은 무엇인지 알아보세요.

친구와 함께 해보세요

친구들에게 공짜로 건전지를 사용하고 싶은지 물어 보세요. 어떤 전문가에 따르면, 충전지를 사용할 경우 약 100만원을 절약할 수 있다고 합니다.

이 사실을 친구에게 말해 주세요. 100만원을 아낄 수 있다는 것은 수백 개의 건전지를 무료로 사용할 수 있다는 뜻입니다.

36. 안 쓰는 전등은 끄세요

읽기 전에 생각해 보기

전구가 처음 발명된 때는 언제일까요?

① 모른다 ② 어제 ③ 약 100년 전

답: ③ (전구는 에디슨이 1879년에 처음 발명했습니다.)

어두워지면 여러분은 스위치를 켭니다. 그러면 다시 밝아지죠. 전등을 켜는 것쯤이야 별로 대단해 보이지 않을 겁니다. 그러나 다시 생각해 보세요.

전등을 밝히는 전기 에너지는 지구에서 얻습니다. 다시 말해, 전등을 슬기롭게 사용하는 것은 지구를 건강하게 유지할 수 있다는 뜻입니다.

알고 있나요?

- 전구(백열전구)에 들어가는 전체 에너지 중, 빛으로 전환되는 에너지는 몇 %일까요? 놀라지 마세요. 단지 10%만이 빛으로 전환됩니다. 나머지는 열로 전환되는데, 전구에 들어가는 에너지의 90%는 낭비되는 셈이죠. 그래서 전구를 얼마간 켜놓으면 뜨거워지는 것입니다.

- 100와트 전구를 매일 반나절씩 1년간 켜놓을 에너지를 얻으려면, 180kg이 넘는 석탄을 때야 합니다. 180kg의 석탄을 땔 경우, 450kg이 넘는 온실가스를 배출하여 지구온난화를 가속화합니다.

- 이런 상황에서 '콤팩트 형광등(CFL)'은 좋은 소식이 아닐 수 없습니다. '콤팩트 형광등'은 전구의 1/4의 에너지만 소모되며, 수명도 10배나 더

깁니다.

● 전문가들에 따르면, 미국의 전 가정에서 1개의 백열등만 콤팩트 형광등
으로 바꾸더라도 1년간 300만 가정에서 전등을 켤 수 있는 에너지가 절
약된다고 합니다. 이는 에너지를 얻기 위해 배출되는 온실가스가 400
억kg이나 감축된다는 뜻입니다. 여러분 가정에서도 백열등을 콤팩트
형광등으로 바꾸면 좋지 않을까요?

이렇게 하세요

● 쓰지 않는 전등은 꼭 끄도록 하세요. 아무도 없는 방을 나갈 때는 불을
꼭 끄도록 합니다.

● 자연광(햇빛)을 이용하세요. 자연광은 돈도 들지 않고, 환경도 오염시키
지 않습니다. 낮에 독서를 할 때는 창
문 가까이 앉으세요. 커튼이나 블
라인드 창을 열고 햇빛을 받으
며 독서하세요.

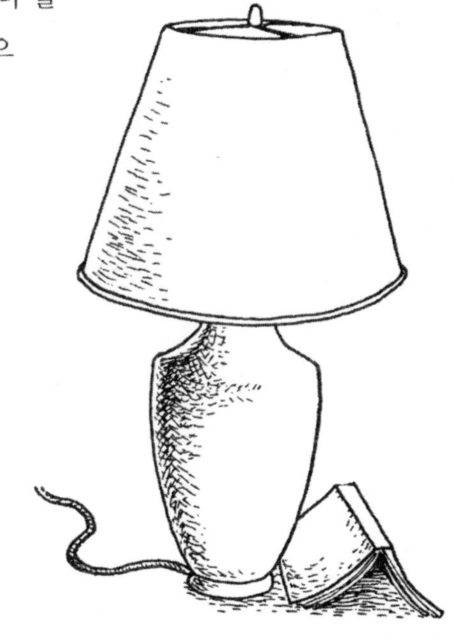

● 전구의 먼지를 털어 내세요.
그러나 뜨거운 상태에서는
안 됩니다. 먼지가 묻은 전
구는 그렇지 않은 것보다
더 많은 에너지가 들어갑
니다. 가끔씩 전구의 먼지
를 털어 내도 되는지 가
족들에게 물어 보세
요. 에너지도 아끼고 집
안도 깨끗이 할 수 있는 좋
은 방법입니다.

● 어른과 함께 전등을 사러 가세요. 콤팩트
형광등이 있다면 그걸 구입
하세요.

● 한 번에 15분 이상,
또는 하루 중 몇 시간
이상을 사용하는 곳에
는 꼭 콤팩트 형광등을
달도록 하세요.

친구와 함께 해보세요

● 친구들에게 콤팩트 형광
등을 알려 주세요. 아마 전등 하나
를 바꿈으로써 어떤 변화가 생기는지 알
면 다들 놀랄 것입니다.

관련 인터넷 사이트

● 마을이 지구를 구한다 http://localenergy.greenkorea.com

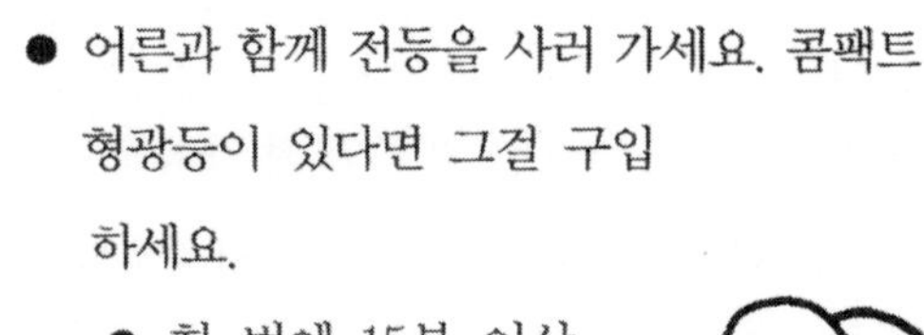

37. 실내 온도를 낮추세요

읽기 전에 생각해 보기

다음 중 집안에서 몸을 따뜻하게 할 수 있는 도구는 무엇일까요?
① 성냥 ② 스웨터 ③ 매운 음식
답: ② (스웨터를 입으면 보일러 온도를 너무 높게 올리지 않아도 됩니다.)

여러분은 집안이 추워지면 어떻게 하나요? 조금만 쌀쌀해져도 보일러 온도를 높이거나 난방기를 틀지는 않나요? 그러지 마세요. 실내 온도를 너무 높였네요. 조금 쌀쌀하다고 난방기를 틀어대면 에너지가 낭비됩니다. 당장 보일러 온도를 낮추고, 난방기는 끄세요.

알고 있나요?

● 미국 내 가정에서 쓰는 전체 에너지의 절반 정도는 난방을 위한 것입니다.

● 겨울에 모든 미국 가정에서 난방기의 온도를 6도만 낮춰도 하루에 57만 배럴의 석유를 아낄 수 있습니다.

● 전문가들에 따르면, 실내 온도는 18~20도가 가장 적합하다고 합니다. 겨울에 여러분 가정의 실내 온도는 얼마나 되나요?

● 미국의 가정에서 실내 난방기의 온도를 1도

낮출 때마다, 난방비가 1~3% 절약됩니다. 이건 많은 돈을 절약할 수 있다는 뜻이죠.

- 난방에 드는 에너지를 줄이는 것은 곧 지구온난화를 막는 길입니다. 매년 미국 가정에서 난방을 하면서 배출되는 온실가스는 10억 톤이 넘습니다. 이것을 줄일 수 있는 가장 쉬운 방법이 바로 실내 온도를 낮추는 것입니다.

이렇게 하세요

- 날씨가 추워지더라도 가급적 실내 온도를 낮게 유지하세요.
- 한 겨울 보일러 온도를 높게 해서 티셔츠와 맨발로 돌아다니지 말고, 옷을 따뜻하게 껴입으세요. 그것이 지구환경을 돕는 길입니다.
- 잠자리에 들 때는 따뜻한 잠옷을 입고, 이불도 두꺼운 것을 덮으세요. 그러면 밤새 보일러 온도를 낮게 해도 추위를 느끼지 않습니다.

- 외출을 할 때는 보일러 온도를 낮게 유지하고 외출하세요. 난방비를 크게 줄일 수 있습니다.

친구와 함께 해보세요

친구들에게 예전 사람들이

몸을 따뜻하게 했던 3가지 방법을 알려 주세요.

1) 1800년대 서양인들은 주머니에 삶은 감자를 넣고, 여기에 손을 넣어 몸을 따뜻하게 했습니다.

2) 또한 뜨거운 물을 담은 물병을 잠자리에 넣어둠으로써 잠자리를 따뜻하게 했습니다.

3) 예전 호주의 양치기들은 밤에 잠을 잘 때 개를 끌어안고 잠으로써 몸을 따뜻하게 했습니다. 그들은 매우 추운 밤을 'Three-Dog Night'이라고 불렀는데, 개를 3마리 끌어안고 자야 할 만큼 춥다는 뜻입니다. 오늘날에는 보일러만 틀면 따뜻해지니, 얼마나 행복합니까?

관련 인터넷 사이트

● 에너지관리공단 에너지교실 http://www.kemco.or.kr/class

● 저탄소 생활실천 그린에너지패밀리

  http://www.gogef.kr/method/method_main.asp

● 전시회 2009대한민국에너지대전(2009.10.13~10.16)

  http://www.koreaenergyshow.or.kr/sub.asp?mNum=1&sNum=1

38. 더운물을 아껴 쓰세요

다음 중 집에 더운물을 대주는 것은 무엇일까요?
① 구름 ② 물 공장 ③ 보일러
답: ③ (보일러나 온수기를 통해 더운물을 얻습니다.)

옛날 사람들이 집에 있는 수도꼭지를 봤다면 "더운물이 저 꼭지에서 나와? 우와!"라고 놀라워했겠죠? 옛날에는 더운물을 얻으려면 시간과 에너지가 많이 들어갔습니다. 나무를 모아 불을 피우고, 그 불을 지켜보면서 물을 끓여야만 했죠. 지금과는 너무 다르죠?

지금은 더운물을 얻는 것이 너무 간단해서 그런지 아무 생각 없이 낭비하는 경향이 있습니다. 이는 꼭 고쳐야 할 습관입니다. 더운물을 얻으려면 옛날과 에너지의 종류는 다르지만, 아직도 많은 에너지가 소비되니까요.

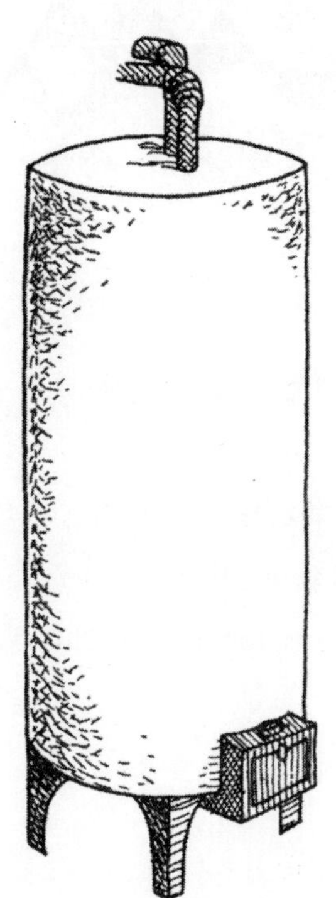

알고 있나요?

● 외부에서 집으로 공급되는 수돗물은 찬물입니다. 너무 당연한 말인가요?

● 가정에 들어온 수도 파이프는 2개로 갈라집니다. 하나는 찬물이 나오는 파이프로 연결되고, 다른 하나는 보일러로 연결되죠.

● 보일러를 틀면 보일러 내부에서 데워진 물이 순환모터에 의해 방이나 마루에 깔린 배관을 통해 흐릅니다. 그리고 순환을 마친 물은 다시 보일러에서 가열하죠. 그러다 여러분이 더운물 꼭지를 틀면 이렇게 덥혀진 물이 나오는 것입니다.

이렇게 하세요

● 우리는 이미 11장에서 물을 아무 생각 없이 낭비해서는 안 된다고 배웠습니다. 이제 그 내용을 기억하면서, 더운물을 쓸 때 조금 더 주의를 기울이면 됩니다.

● 더운물을 아낌으로써 지구 자원 2가지를 동시에 아낄 수 있습니다. 그것은 바로 물과 에너지죠.

● 샤워, 세수, 설거지 등 더운물을 사용할 때마다, 물을 현명하게 사용하는 것이 지구를 돕는 기회임을 명심하세요.

친구와 함께 해보세요

친구들에게 farm4.static.flickr.com/3282/2625212219_5240a14421.jpg?v=0에 있는 사진을 보여 주세요. 믿기지 않죠? 예전에는 더운물을 구할 방법이 많지 않았습니다. 그래서 더운물은 사치로 여겨지기도 했죠. 지금이라도 더운물을 옛날처럼 중요하고 귀하게 여겨야 합니다.

39. 자전거를 타세요

다음 중 다른 것들보다 공해를 많이 유발하는 것은 무엇일까요?
① 난로 ② 자동차 ③ 증기선
답: ② (자동차는 공해를 가장 많이 유발하는 것 중 하나입니다.)

여러분은 외출할 경우 무엇을 타시나요? 쇼핑, 친구네 집, 극장 등에 가는 쉬운 방법은 자동차를 타는 것이죠.

그러나 자동차 이용은 지구환경을 위해서 좋은 선택이 아닙니다. 자동차는 오염물질을 배출하기 때문입니다. 그래서 차를 적게 이용할수록 지구는 더 건강해집니다.

물론 자동차를 이용하면 목적지에 더 빨리 도착할 수는 있죠. 그러나 깨끗한 물과 공기를 얻을 수 있다면 그만한 값어치는 있지 않을까요?

알고 있나요?

● 세계에서 자동차가 가장 많은 나라는 미국입니다.

- 미국의 모든 자동차가 1년에 달리는 거리를 합하면 4.8조km가 넘습니다. 4.8조km가 얼마냐고요? 이 숫자를 세는 데만 한평생이 걸릴 만큼 긴 거리입니다.
- 미국 내 자동차 수백 만 대가 연료를 태우면 가스가 배출되는데, 이를 배기가스라고 합니다. 지구환경에 가장 나쁜 오염물질들 중 하나죠.
- 배기가스에는 이산화탄소, 산화질소 등 눈에 보이지는 않지만 지구온난화와 공기 오염을 가속화시키는 물질들이 들어 있습니다.
- 자전거를 이용하면 배기가스 걱정이 없습니다. 환경을 전혀 오염시키지 않는 것이죠. 따라서 여러분이 자전거를 이용하는 것은 곧 지구를 구하는 것입니다.

이렇게 하세요

- 외출할 일이 생기면 자동차를 이용하는 것에 대해 다시 한 번 생각해 보세요. 걸어가기에 충분한 거리인지, 자전거를 타도 되는지 등을 생각해 보세요.
- 부모님께도 자동차 대신 걷거나 자전거를 이용하시라고 권해 보세요. 그리고 온 가족이 함께 자전거를 타자고 말씀드려 보세요.

학교에서

- 담임선생님, 교장선생님께 '걷거나 자전거 타기' 운동에 대해 건의해

보세요.

● 미국에서는 자전거 타기가 학과목에 포함된 환경학교도 있습니다. youtube.com/watch?v=VYRX3NKtQ0A를 방문하면 이 학교의 동영상을 볼 수 있습니다.

● 미국 내 수천 개의 학교가 '걷거나 자전거를 타고 학교에 가기' 운동에 동참하고 있습니다. 여러분의 학교는 어떤가요?

친구와 함께 해보세요

● 친구들에게 일본에 있는 어마어마한 자전거 전용 주차장을 보여 주세요(gizmodo.com/5046854/tokyos-robotic-bike-parking-garage-is-awesome). 우리나라에도 저런 곳이 생기면 멋지지 않을까요?

관련 인터넷 사이트

● 자전거사랑전국연합회 http://www.bikelove.or.kr
● 자전거교통지도 http://www.bikelove.or.kr/bbs/zboard.php?id=map

40. 집안의 열기를 잡으세요

읽기 전에 생각해 보기

다음 중 집에서 열이 가장 많이 빠져나가는 곳은 어디일까요?

① 전화 ② TV ③ 창문

답: ③ (창문과 문의 틈을 통해 에너지가 가장 많이 낭비됩니다.)

지금 여러분의 집에서 무언가 빠져나가고 있습니다. 집안 공기가 문과 창문 틈으로 빠져나가는 것입니다. 겨울이면 집안을 덥히는 따뜻한 공기가 빠져나가겠죠? 이걸 놔둬서는 안 됩니다. 집을 따뜻하게 하려면 난방비가 많이 들기 때문입니다. 나가기 전에 잡아야 합니다!

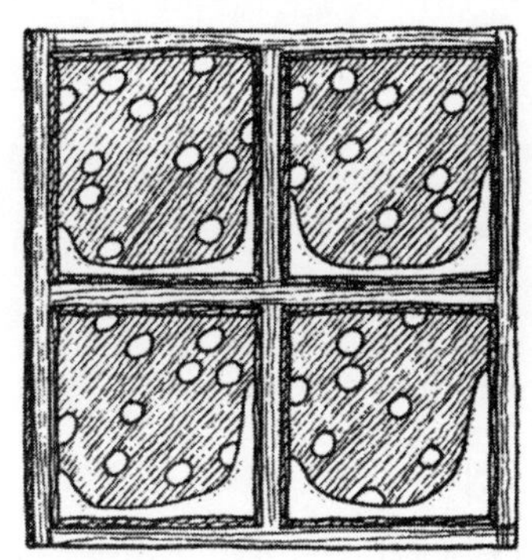

알고 있나요?

● 집에서 우리가 사용하는 에너지의 약 40%가 난방에 쓰입니다. 그런데 난방에 쓰이는 에너지의 절반이 낭비되고 있습니다.

● 이는 현재 난방에 쓰이는 에너지로 두 집을 따뜻하게 할 수 있다는 뜻입니다. 농담이 아닙니다.

● 어떻게 집안의 열기가 달아나는 것일까요? 주로 문 밑, 창문틈, 다락 등을 통해 빠져나갑니다. 창문 유리를 통해 빠져나가기도 합니다. 특히 창문 유리가 깨졌다면 많은 열이 빠져나가죠.

● 빠져나가는 열기를 조금이라도 붙잡는다면, 이는 지구온난화를 막는

것입니다. 물론 석유, 석탄 등 난방연료로 쓰이는 여러 자원을 아끼는 것이기도 하죠.

이렇게 하세요

● 날이 추워지면 커튼을 닫으세요. 그러면 열이 쉽게 빠져나가지 못하고 집안에 머물게 됩니다. 커튼을 닫으면 창문으로 빠져나가는 열기의 1/3을 잡을 수 있습니다.

● 추운 밤에는 여러분 방의 창문이 제대로 잘 닫혀 있는지 확인하세요. 깨진 유리창은 고치거나 새것으로 바꾸도록 합니다.

● 문과 창문의 틈은 막도록 합니다. 포털사이트에서 '문틈막이'나 '문풍지'로 검색하면 문틈을 막는 재료를 쉽게 구입할 수 있습니다. 이것은 밖의 차가운 공기가 틈을 통해서 실내로 들어오는 것을 막아 줍니다. 동네 철물점이나 마트에서도 쉽게 구할 수 있습니다. 가격도 저렴하고 테이프 형태로 되어 있어 붙이기도 쉽습니다.

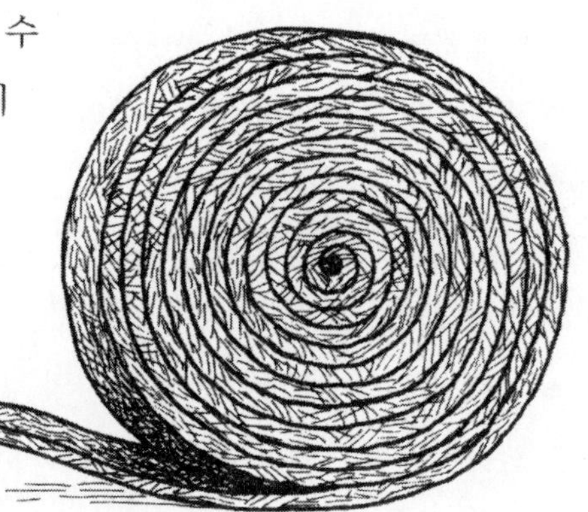

친구와 함께 해보세요

친구들과 함께 집안의 공기가 얼마나 많이 빠져나가는지 실험해 보세요

● 15cm 정도의 리본을 준비하세요. 가벼운 종이를 잘라 만들어도 됩니다.

그리고 바람이 많이
불고 추운 날을 골라
이것을 집안 모든 창
문과 문 주위에 갖다
대보세요.

● 문이나 창문 주변 중,
열기가 빠져나갈 것
같은 곳에 대보는 것
입니다. 이때 리본이
나 종이가 움직인다면
열기가 빠져나가고 있
는 것입니다.

● 조사한 곳을 지도로 만들어 부모님께 보여 드리세요. 여러분도 환경전
문가 못지않습니다.

41. 꼭 필요할 때만 여세요

다음 중 다른 것보다 전기를 더 많이 사용하는 것은 무엇일까요?
① 라디오 ② 냉장고 ③ 전기뱀장어
답: ② (냉장고는 24시간 내내 켜져 있어야 합니다. 절대 끄면 안 되죠.)

아이스박스라고 들어본 적이 있나요? 큰 얼음덩어리를 넣은 상자를 말하는데, 예전에 냉장고가 없던 시절에는 이것을 냉장고 대신 사용했습니다. 여기에 음식 등을 넣어 신선도를 유지했죠. 아이스박스에 넣은 얼음이 녹으면 다시 다른 얼음을 넣어야 했습니다.

예전에는 얼음을 새것으로 바꾸는 것이 지금처럼 쉽지 않았습니다. 그러나 냉장고처럼 지구의 자원(에너지)이 사용되는 것은 아니었죠.

그렇다고 부모님께 냉장고를 없애고 아이스박스를 사용하자고 말씀드리지는 마세요. 냉장고 없이 살 수는 없습니다. 올바른 냉장고 사용법을 익히면 에너지를 절약할 수 있습니다.

알고 있나요?

● 우리는 하루에 냉장고 문을 22번 여닫습니다. 1년으로 하면 한 사람이 8,000번을 여닫는 것이죠.

● 냉장고를 열 때 냉기가 빠져나가면, 그곳을 냉장고 밖의 열기가 채우게 됩니다. 그러면 냉장고는 들어온 열기를 식혀 차가운 온도를 유지하기 위해 많은 전기를 사용하게 됩니다.

● 냉장고에 음식이 가득 차면 전기가 덜 소모됩니다. 음식들이 냉기를 빨아들여 간직하기 때문입니다.

● 냉장고에는 온도를 조절하는 버튼이 있습니다. 그런데 많은 사람들이 이것을 몰라, 필요 이상으로 낮은 온도에서 사용하고 있습니다.

● 냉장고 뒤나 아래에는 코일이 있는데, 매우 중요한 작용을 합니다. 냉장고 내부의 열을 밖으로 내보내어 내부의 온도를 차갑게 유지하기 때문입니다. 그런데 이 코일이 더러워지면 그 기능을 제대로 다하지 못합니다.

이렇게 하세요

● 냉장고 문의 고무패킹 부분을 확인하세요. 여기에 음식이 끼거나 더러워지면 틈이 생겨 냉장고 내부의 냉기가 빠져나갑니다. 젖은 스펀지나 천으로 이 부분을 청소하면 에너지 낭비를 막을 수 있습니다.

● 꼭 필요한 경우가 아니라면 냉장고를 열지 맙시다. 그리고 일단 열었으면 재빨리 필요한 것을 집고 문을

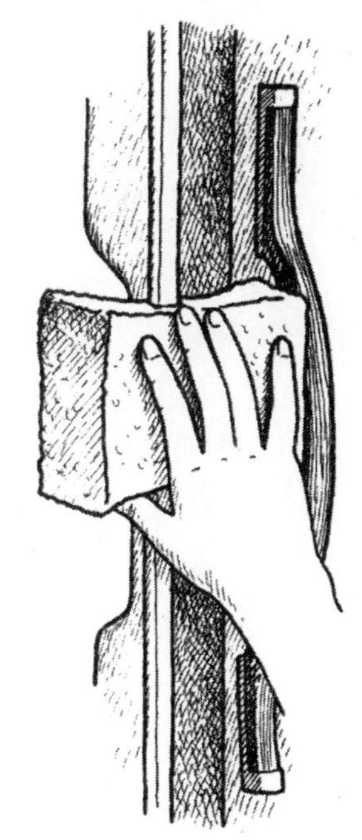

닫읍시다. 냉장고를 열기 전에 무엇을 집을지 미리 생각하세요.

● 냉장고 코일을 청소해도 되는지 부모님께 말씀드리고, 허락을 받았다면 정기적으로 청소하도록 하세요. 빗자루, 걸레, 진공청소기 등을 이용하세요.

● 부모님께 도움을 받아, 냉장고의 내부 온도가 필요 이상으로 낮게 설정되어 있지는 않은지 확인해 보세요. 냉장실은 3~6도, 냉동실은 -15도 정도가 적당합니다.

친구와 함께 해보세요

냉장고 문의 고무패킹을 통해 냉기가 빠져나가는지를 쉽게 알 수 있는 방법이 있습니다. 친구들에게 그 방법을 여러분이 직접 보여주세요.

● 종이나 지폐의 반은 냉장고 밖에, 반은 안에 걸쳐 있는 상태로 냉장고 문을 닫습니다. 그리고 그 종이나 지폐를 빼는데, 쉽게 빠진다면 냉기가 빠져나가고 있는 것입니다. 고무패킹을 청소하거나 수리해야 합니다.

관련 인터넷 사이트

● 에너지관리공단

http://kemco.or.kr

42. 뚜껑은 덮고 끓이세요

다음 중 냄비에 물을 끓일 때 가장 빠른 방법은 무엇일까요?

① 뚜껑을 덮은 채 끓인다

② 물을 휘저으며 끓인다

③ 뚜껑을 연 채 끓인다

답: ① (뚜껑을 덮은 채 끓이면 온도가 훨씬 빨리 올라갑니다.)

혹시 부모님으로부터 여러분 스스로 오븐이나 전자레인지를 사용해도 된다는 허락을 받았나요? 그렇다면 여러분은 이제 이것들을 혼자 켜도 될 나이가 된 것입니다. 정말 축하합니다.

가스레인지, 버너 등의 사용에는 많은 에너지가 들어갑니다. 그리고 여러분이 이런 것을 사용할 나이가 되었다면, 에너지를 절약하면서 사용하는 방법도 알 수 있는 나이가 된 것입니다.

그런데 가스레인지 등을 사용하도록 허락을 받지 못한 어린이라면 어떻게 해야 할까요? 그런 어린이들은 이 책에서 알려 주는 에너지 절약 방법을 부모님께 말씀드리면 됩니다.

알고 있나요?

● 요리하는 음식이 얼마나 익었는지 보려고 냄비뚜껑이나 오븐의 문을 자꾸 열면, 그때마다 열기가 빠져나갑니다. 아주 많은 열기가 빠져나가죠.

● 열기가 빠져나가면 그것을 보충하기 위해 많은 에너지(전기나 가스) 더 들어갑니다. 에너지와 돈이 낭비되는 것이죠.

● 미국에서는 90% 이상의 가정에 전자레인지가 있습니다. 여러분 집에도 있죠? 전자레인지는 잘 사용하면 일반적인 오븐보다 훨씬 적은 에너지가 들어갑니다. 토스터 오븐도 다른 오븐들보다 적은 에너지를 소비하죠.

● 주전자를 끓일 때 뚜껑을 닫고 끓이면, 그렇지 않을 때보다 훨씬 빨리 끓습니다. 그만큼 에너지를 절약하면서 끓일 수 있는 것이죠.

● 유리나 도자기로 된 주방기구를 사용하면 최대 25%까지 에너지를 절약할 수 있습니다. 이런 제품들은 다른 제품들보다 열이 더 잘 보존되기 때문입니다.

이렇게 하세요

● 주전자에 물을 끓일 때는 꼭 뚜껑을 닫은 채 끓입시다.

● 언 음식을 녹이거나 작은 것을 요리할 때는 전자레인지를 이용하세요.
전자레인지를 사용하면 일반적인 오븐보다 약 50%의 에너지를 절약할
수 있습니다. 큰 것을 요리할 때는 오븐이 더 좋습니다.

● 전자레인지 윗부분과 주방기구 바닥은 깨끗하게 닦으세요. 그래야 열
기가 더 많이 전달되어 에너지가 절약됩니다.

● 구이를 할 때는 오븐의 문을 꼭 닫아 두세요.

● 음식이 끓는 동안에는 어떤 소리가 나는지 귀 기울여 보세요. 휘파람
소리, 끽끽 대는 소리, 지글거리는 소리 등 평소 익숙하지 않은 소리가
들린다면 불을 너무 세게 틀었기 때문입니다.

● 에너지 절약 효과를 가장 높이려면 주방기구 바닥과 가스불이 닿는 면
적이 같아야 합니다.

친구와 함께 해보세요

친구들에게 뚜껑을 덮
고 물을 끓이면 에너지
가 절약되는 것을 직접
보여 주세요.

1. 같은 주전자 2개를
   준비하고, 여기에 똑
   같은 양의 물을 넣
   으세요(계량컵을 이
   용하세요).

2. 주전자 하나는 뚜껑
   을 덮고, 다른 하나

는 뚜껑을 덮지 않습니다. 그리고 동시에 가스 불을 켭니다. 불의 세기
는 같아야 합니다.

이제 어느 것이 먼저 끓는지 확인해 보세요. 뚜껑을 덮은 주전자가 먼
저 끓을 것입니다. 뚜껑 때문에 열이 더 잘 보존되기 때문이죠. 물이 빨리
끓는다는 것은 그만큼 에너지가 절약된다는 뜻입니다. 간단하죠?

43. 안 쓰는 전기플러그는 빼두세요

읽기 전에 생각해 보기

다음 중 에너지를 절약하고 싶다면 뽑아 두어야 하는 것은 무엇일까요?
① 귀마개 ② 잡초 ③ 전기플러그
답: ③ (사용하지 않는 전자제품은 플러그를 빼두세요.)

조심하세요! 흡혈귀가 여러분 집에 숨어 있습니다. 이 흡혈귀는 피 대신 에너지를 빨아먹습니다. 여러분을 해치지지는 않지만, 여러분을 속이도록 놔두지는 마세요. 지구의 에너지를 빨아 먹으니까요.

이 흡혈귀는 여러 곳에 있습니다. 컴퓨터 모니터, TV, DVD 플레이어, 휴대폰 충전기 등 곳곳에 숨어 있죠.

그렇다고 당황하지는 마세요. 충분히 이 녀석을 없앨 수 있으니까요. 단지 플러그만 빼면 됩니다. 네, 그게 전부에요.

알고 있나요?

● 전자제품들은 플러그만 연결되어 있어도 우리가 모르는 사이에 전기를 낭비합니다. 꺼져 있어도 그렇습니다.

● 이것을 '대기전력' 이라고 합니다. 대기전력은 TV처럼 리모컨을 사용하는 제품, 전자레인지나 DVD 플레이어처럼 시간이 디지털 액정으로 표시되는 제품 등에서 발생합니다.

● 대기전력이 발생하는 제품은 또 있습니다. 휴대전화 등의 배터리 충전기도 플러그를 꽂아 둔 채 놔두면 대기전력이 발생합니다. 또한 컴퓨터, MP3 플레이어 등 외부 전원공급장치가 들어가는 제품에서도 대기전력이 발생합니다.

● 대기전력은 황당하기까지 합니다. 예를 들어 전자레인지는 음식을 요리하는 것보다, 디지털 액정에 시간을 나타나는 데에 더 많은 에너지를 소비합니다. 음식을 요리하는 것이 시간을 나타내는 것보다 100배 많은 에너지를 소비하긴 하지만, 음식을 요리하지 않을 때도 시간은 계속 표시되면서 에너지를 낭비하기 때문입니다.

이렇게 하세요

● 부모님께 멀티탭을 구입하자고 말씀드리세요. 하나의 멀티탭에 여러 개의 플러그를 꽂으면, 여러 전자제품을 한 번에 끌 수 있습니다. 잠자리에 들기 전에 멀티탭을 끄고, 아침이 되면 다시 멀티탭을 켜면 됩니다.

● 멀티탭 중에는 여러 플러그들 중에서 *끄기*를 원치 않는 전자제품의 플러그

는 남기고, 나머지만 끌 수 있
는 제품도 있습니다.

● 부엌에서 사용하는 전자제
품들 중에서 믹서, 전자레
인지, 커피메이커 등 가끔
씩만 사용하는 제품은 모
두 플러그를 뽑아 놓도록
합니다.

● TV, DVD 플레이어, 게임기,
오디오, 컴퓨터(특히 모니터)와 프
린터 등의 전자제품을 사용하지 않을 때는 플러그를 빼놓으세요.

● MP3 플레이어, 휴대폰, 디지털카메라, 전동칫솔, 충전지 등의 충전이
끝나면 마찬가지로 플러그를 빼놓읍시다.

친구와 함께 해보세요

친구들과 함께 집안에서 전기가 낭비되는 전자제품을 찾아보세요. 전형적
인 미국 가정의 전자제품들 중, 꺼놓은 상태에서도 전기가 낭비되는 전자
제품이 20개에 이른다는 연구결과가 있습니다. 여러분, 또는 여러분의 친
구 집은 어떤가요? 집안에 그런 전자제품이 몇 개나 있는지 알아보세요.
사용하지 않을 때 플러그를 빼두면 좋은 전자제품에는 어떤 것이 있는지
도 함께 알아보세요.

관련 인터넷 사이트

● 에너지시민연대 http://enet.or.kr

● 에너지절약100만가구운동 http://100.or.kr

● 에너지절약수칙 http://100.or.kr/information.php

44. 태양에너지

자, 이런 모습을 한번 상상해 보세요. 여러분이 방에 들어가 형광등을 켭니다. 그런데 불이 들어오지 않아요. 인간이 지구의 에너지를 모두 써버려서 전기가 더 이상 들어오지 않기 때문입니다. 상상이 가나요? 아마 이런 일이 정말 생길 수 있는지 궁금하죠? 물론 충분히 일어날 수 있는 일입니다. 지금 우리가 사용하는 에너지 대부분은 석유, 석탄처럼 언젠가는 고갈될 자원으로부터 얻으니까요. 이렇게 한정된 에너지를 '재생불가능 에너지' 라고 합니다. 그리고 이런 에너지는 무엇보다도 지구온난화와 환경오염의 주범입니다.

그런데 이런 에너지를 대체할 재생가능 에너지들이 있습니다. 재생가능 에너지는 고갈될 염려도 없고, 환경도 해치지 않습니다.

알고 있나요?
● 재생가능 에너지들 중에서 가장

뛰어난 것은 태양을 이용한 에너지입니다. 태양은 매일 지구를 향해 빛과 열의 형태로 에너지를 보냅니다. 이것을 태양에너지라고 합니다.

- 태양에너지는 난방, 전기 생산, 자동차 등에 이미 사용되고 있습니다.
- 과학자들은 조만간 태양에너지 이용이 확산되어, 보다 많은 사람들이 이를 이용할 것으로 예상하고 있습니다.
- 바람을 이용한 풍력에너지 또한 고갈되지 않는 에너지입니다. 풍력에너지는 재생가능 에너지들 중에서 가장 빨리 성장하고 있는 분야입니다.
- 풍력발전은 큰 선풍기 모양의 '터빈'이 바람에 의해 돌아가면 전기가 발생하는 원리입니다. 풍력발전을 하는 곳은 수백 개의 터빈이 나란히 서 있는데, 이곳을 '바람의 농장'이라고 합니다. 이곳에서 생산된 전기는 마을 전체가 이용할 수 있는 양입니다.

- 또 다른 재생가능 에너지로는 '바이오매스', '수력에너지', '지열에너지' 등이 있습니다. 바이오매스는 식물을 통해 얻는 에너지를 말하며, 수력에너지는 말 그대로 바다나 강 등 물의 움직임을 이용해 얻는 에너지입니다. 지열에너지는 지구 내부 깊은 곳의 열을 이용해 얻는 에너지입니다.

이렇게 하세요

- 재생가능 에너지에 대해 최대한 많이 공부하세요. 그리고 그 지식을 가족, 친구들에게 나눠 주세요. 자신의 지식을 다른 사람들에게 전파하는 것은 재생가능 에너지의 성장을 돕는 것입니다. 대부분의 사람들이 재생가능 에너지가 무엇인지 구체적으로 모르고, 비현실적인 것으로 생각하기 때문입니다.

- 지역 국회의원과 언론사에 편지를 쓰세요. 지금 우리에게는 재생가능 에너지가 필요하다는 점을 강조하세요.

관련 인터넷 사이트

- 시민에너지운동단체 http://energyvision.org

제 7 부

환경의 중요성

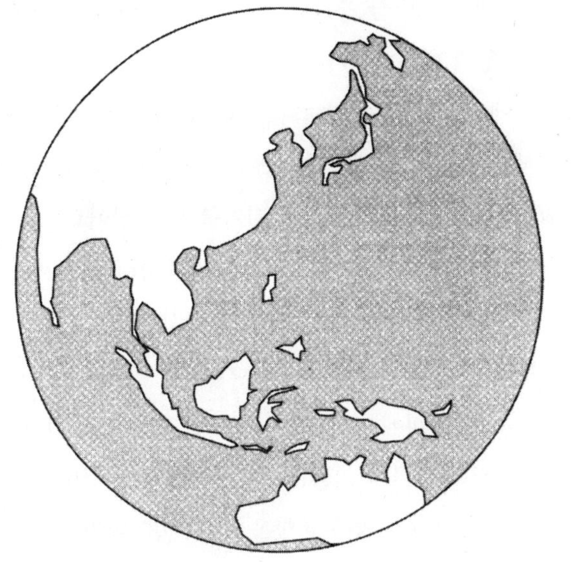

알리기

환경에 대한 중요성을 널리 알리세요

중요한 것은 자신 스스로가 어떤 실천을 해야 하는지 아는 것입니다. 간절히 원하면 이루지 못할 것은 없습니다. 그러나 다른 사람들이 환경에 대해 알도록 하는 것도 그만큼 중요합니다. 여러 사람이 힘을 합하면 더 많은 것을 이룰 수 있기 때문입니다.

이는 환경보호에서 매우 중요합니다. 따라서 어린이 여러분도 친구들에게 널리 알리세요. 국회의원에게 "태양에너지에 예산을 배정해 주세요. 제가 어른이 되면 깨끗한 에너지로 만든 전기를 쓰고 싶어요!"라고 편지를 썼다면, 그것을 친구들에게도 보여주세요. 그러면 친구들도 자신의 지역구 국회의원에게 그런 편지를 쓰고 싶어 할 것입니다.

유기농 농산물에 관심이 있다면 친구나 가족과 농장견학을 가서, 함께 경험을 나누세요. 기후 변화에 대해 보다 많이 알고 싶다면 선생님께 질문을 드려 보세요. 그러면 다른 아이들도 관심을 갖게 될 겁니다. 친구들이 환경에 관한 지식을 전파하고 있다는 말을 들었다면, 여러분 역시 친구들을 도와 같이 전파하도록 하세요.

여러분이 반 친구들이나 가족과 함께 노력하든, 아니면 정부 공무원들과 함께 힘을 합하든, 함께 세상을 탐구하면서 에너지를 절약하고, 물이 새는 곳을 찾고, 지구를 구한다는 가장 중요한 문제에 대해 함께 생각과 느낌을 공유하는 사람들이 있다는 것을 알게 되면 너무나 좋은 기분을 느끼게 될 것입니다.

45. 부모님을 설득하세요

비밀을 하나 알려 드릴까요? 부모님은 여러분이 무슨 생각을 하는지 항상 관심이 많습니다. 가끔 그러지 않은 척하실 뿐이죠.

자, 이제 여러분께 지구환경을 보호하는 일에 부모님을 끌어들이는 방법을 알려 드리겠습니다.

온 가족이 합심하여 노력한다면, 여러분 혼자 하는 것보다 더 많은 것들을 이룰 수 있습니다. 또한 즐거움도 더 커지고, 가족들이 보다 가까워지는 기회도 됩니다. 여러분이 아주 중요한 것을 가족들과 나누기 때문이죠. 또 현실적으로 어린이 여러분 혼자서 할 수 없는 것들도 있기 때문에 가족들의 도움이 필요합니다.

알고 있나요?

● 여러분 부모님이 어렸을 때는 환경보호에 관심을 갖는 사람들이 거의 없었습

니다. 지구환경이 파괴되고 있는 것을 몰랐기 때문입니다.

● 그래서 부모님 세대의 어른들은 환경에 해가 되는 습관을 가진 채 자랐습니다. 원하는 만큼 쓰레기를 만들어 냈고, 에너지를 낭비했습니다. 단지 재미와 편리함 때문에 지구의 자원을 낭비한 것이죠.

● 오늘날 우리는 그때보다 많은 것을 알게 되었습니다. 그러나 어른들은 나쁜 습관을 바꾸기가 어렵습니다. 부모님이 나쁜 습관을 버리도록 더 노력해야 할 이유를 여러분이 말씀드리세요. 이를 통해 변화를 이끌어 낼 수 있습니다.

● 또한 여러분 부모님은 지구가 겪고 있는 환경 문제가 무엇인지 모를 수도 있습니다. 따라서 부모님께 지구환경 보호에 대해 말하는 것 자체가 부모님을 위하는 길입니다.

● 그러나 여러분이 모든 것을 이룰 수 없다는 점을 기억해야 합니다. 돈이 많이 드는 계획도 있을 것이고, 부모님이 환경보호에만 매달릴 수도 없기 때문입니다. 따라서 무엇이 가장 중요한 사항인지부터 결정해야 합니다. 이것을 '우선순위'라고 합니다.

이렇게 하세요

- 환경을 위해 온가족이 할 수 있는 일이 무엇인지부터 찾아보세요. 그리고 실천하는 데 있어 무엇이 필요하고, 돈이 얼마나 절약되는지 꼼꼼히 따져 보세요. 이는 환경을 위해 무엇을 할지 결정하는 데 큰 부분을 차지합니다.
- 무엇을 할지 결정했으면, 그에 대해 가족회의를 하세요.
- 창조적으로 생각하고, 재미를 느껴 보세요. 온가족이 함께하는 유기농 아침식사, 1일 자원봉사 장소 정하기, 한 번에 전등 하나씩만 켜기 등 다양한 실천방법을 생각해 보세요.

친구와 함께 해보세요

환경보호를 위해 실천하는 여러분과 여러분의 가족을 친구들이 본다면, 틀림없이 놀랄 것입니다. 아마 친구들도 자신의 가족들과 함께 환경을 위해 실천을 하고 싶어질 것입니다. 희망은 항상 우리 곁에 있습니다.

46. 신문사에 편지를 보내세요

호외요! 호외요! 모두 읽어 보세요! 그런데 어디서 읽죠? 신문, 그리고 신문사 홈페이지에서 읽죠.

지구환경을 보호하기 위한 여러분의 생각을 많은 사람들에게 알리고 싶은가요? 그럼 신문사에 이메일을 쓰세요.

알고 있나요?

● 미국에서는 전체 인구의 1/3이 매일 신문을 읽습니다(인터넷을 통한 신문 구독 포함).

● 대부분의 일간신문에는 '독자의견란'이 있습니다. 신문에 따라 '독자의 편지' 등으로 제목이 약간 다르긴 하지만, 대부분 비슷한 의견란이 반드시 있습니다. 이것은 신문 독자들이 다른 사람들과 나누고 싶은 자신의 의견을 보내면 신문에 싣기 위한 것입니다.

● 신문사에서는 독자들의 의견이 중요하다고 생각하기 때문에 이런 편지를 신문에 싣습니다.

● 독자의견란에 편지를 보내는 사람들은

대개 어른들입니다. 그러나 가끔 어린이들도 편지를 보내는 경우가 있습니다. 어린이가 편지를 보낼 경우에는 사람들이 보다 관심을 갖습니다. 어린이들은 세상을 보는 시각이 어른들과 다르기 때문입니다.

이렇게 하세요

집에서

● 신문사에 편지를 쓰세요. 여러분이 환경을 보호하기 위해 무엇을 하고 있는지 쓰세요. 다른 사람들이 환경보호를 위해 무엇을 했으면 좋은지, 그리고 그 이유는 무엇인지에 대해 쓰는 것도 좋습니다.

● 편지는 '편집자님께' 로 시작하세요. 그리고 편지를 다 썼으면 마지막에 여러분의 이름, 주소, 전화번호도 쓰세요. 이것이 신문에 모두 실리는 것은 아니지만, 그래야 신문사 관계자가 여러분이 진지하게 편지를 썼다고 생각할 겁니다.

● 요즘 신문사로 보내는 편지는 대부분 이메일을 이용합니다. 어른들에게 신문사의 이메일 주소를 찾도록 도움을 청하세요. 신문의 독자의견란이나 신문사 홈페이지를 통해 이메일 주소를 직접 찾을 수도 있습니다.

● 여러분이 보낸 편지가 신문에 실리지 않았다고 해도, 포기하지 말고 계속 쓰세요. 여러 번 편지를 쓰게 될수록 여러분의 편지가 신문

에 실릴 기회가 많아집니다.

● 여러분의 편지가 신문에 실리면 많은 사람들이 그걸 보게 됩니다. 그러면 많은 사람들이 지구를 구하기 위해 중요한 것이 무엇인지 알게 되죠.

학교에서

● 선생님께 반 아이들이 모두 신문사에 편지를 쓰자고 제안해 보세요.

● 반 친구들과 함께 지구를 구하는 것에 대해 토론을 해볼 수도 있습니다. 그리고 토론의 결과를 반 전체의 의견 형식으로 편지를 씁니다. 이때는 'OO초등학교 O학년 O반 일동'이라고 씁니다. 물론 반 친구들 개개인이 자신의 의견을 써서, 이 편지들을 같이 보내도 됩니다.

친구와 함께 해보세요

환경보호를 위한 동영상을 직접 만들어 보세요. 그리고 그 동영상을 여러 사이트에 올리고, 그 동영상 주소를 여러분이 아는 모든 친구들에게 알려 주세요. 또한 신문사에 편지를 쓸 때도 그 동영상의 주소를 함께 보냅니다. 그러면 신문사에서 단순히 독자의견란에만 싣는 것이 아니고, 여러분의 행동을 정식 신문기사로 다룰지도 모릅니다.

47. 학교부터 바꾸세요

세상을 바꾸려면 어디서부터 시작해야 할까요? 학교부터 시작하는 게 어떨까요? 어른들이 어린이의 말에 귀를 기울이는 곳 중에 하나가 바로 학교이기 때문입니다. 또한 학교는 종이, 책, 에너지, 수돗물, 청소를 위한 화학세제 등이 아주 많이 사용되는 곳이기 때문에, 학교를 변화시키는 것은 환경에 큰 영향을 끼칩니다.

한번 생각해 보세요. 여러분의 학교가 가장 '친환경적' 인 곳이라면 얼마나 멋질지 말입니다.

학교를 친환경적으로 바꾸면 지구를 구할 뿐만 아니라, 여러분의 친구, 선생님, 학교 직원들까지 보다 건강할 수 있도록 돕는 것입니다.

학교를 친환경적으로 바꾸는 방법은 여러 가지가 있는데, 몇 가지 방법을
소개합니다.

● **재생종이 및 재활용 물품을 구입한다.** 재생종이만으로는 부족합니다.
다른 것들도 재활용된 재료로 만든 물품을 구입해야 합니다.

● **복사를 할 때는 이면
지를 사용한다.** 종이를
아끼기 위함입니다.

● **학교버스나 자동차를
켜두지 않는다.** 학생을
태우기 위해 30초 이상
기다려야 한다면 꼭 엔
진을 끄도록 합시다. 버
스와 자동차는 지구온난화를 가속하는 오염물질을 많이 배출합니다.

● **인체에 해가 없는 천연페인트와 천연세제를 구입한다.** 약 370만 명의
초등학생들이 하루 6~8시간, 1년에 220일을 학교에서 보냅니다. 많은
학생들이 유독 페인트와 화학세제에서 나오는 오염물질에 노출되어 있
습니다. 이런 오염물질 때문에 심각한
질병에 걸릴 수도 있습니다.

● **에너지 사용을 줄인다.** 콤팩트 형
광등으로 교체, 안 쓰는 전등 끄
기, 냉난방 효율성 증대 등을
통해 에너지 사용을 줄일
수 있습니다. 미국의
한 초등학교에서는 '에너지
순찰대' 프로그램을 통해 1년에 70만 달러 이상

을 절약했습니다.

● **농약이나 살충제 사용을 줄이거나 없앤다.** 한 실험에 따르면, 8~13세
의 미국 어린이들 몸에는 다른 연령대의 어린이들보다 많은 농약 성분
이 있는 것으로 나타났습니다.

이렇게 하세요

● 학교를 친환경적으로 바꾸고 싶어 하는 다
른 친구들을 모으세요.

● 담임선생님이나 교장선생님과 회의를 하
여, 여러분 학교에서 가능한 방법을 찾도
록 하세요. 그리고 이를 위해 여러분
과 친구들이 무엇을 할 수 있는지
생각해 보세요.

● 친구들과 함께 환경을 위해 무
엇을 해야 하는지 적도록 하
세요. 그리고 다른 학생들이
그것을 위해 도울 수 있도록 다
른 반에도 돌립니다. 물론 재생종
이에 그 내용을 적어야겠죠?

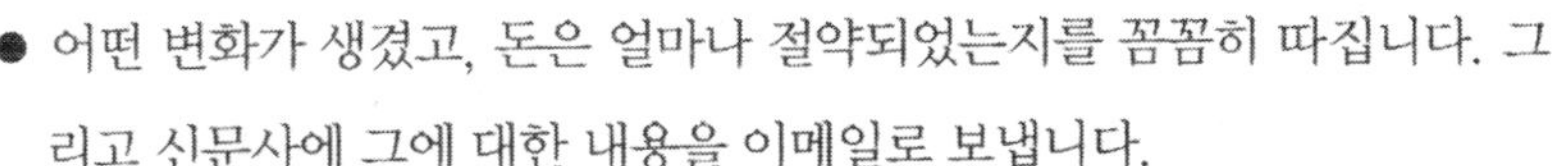

● 어떤 변화가 생겼고, 돈은 얼마나 절약되었는지를 꼼꼼히 따집니다. 그
리고 신문사에 그에 대한 내용을 이메일로 보냅니다.

48. 견학을 가세요

읽기 전에 생각해 보기

견학이 무엇일까요?

① 이름이 '견학'인 사람을 만나는 것 ② 학의 종류 중 하나

③ 개인적으로 무엇인가를 보러 가는 것

답: ③ (특별한 무언가를 보거나 하러 가는 것을 말합니다.)

우리는 지구에 대해, 그리고 지구에서 올바르게 살아가는 방법에 대해 많은 것을 배워야 합니다. 여러분 스스로 무엇을 배워야 할지 선택해 보세요. 책이나 영화를 통해 배울 수 있는 것도 있지만, 밖으로 나가 직접 눈으로 보면 더 쉽게 배울 수 있는 것들도 있습니다.

그것이 바로 '견학'을 가는 목적입니다. 여러분이 지구에 대해 알기 위해 견학을 간다면, 야생생태 보호구역처럼 집에서 아주 멀리 가야 하는 곳도 있습니다. 그러나 길가, 학교 뜰에서도 배울 것은 있습니다. 지구의 환경은 우리 주변 모든 곳에 다 있으니까요.

견학은 학교에서 단체로 갈 수도 있고, 가족들과 함께 갈 수도 있습니다. 아니면 여러분과 친한 몇몇 친구들과 갈 수도 있겠죠. 그러나 견학을

누구와 가든 그 목적은 같습니다. 새로운 관점으로 보고, 경험하고, 그리고 배우는 것입니다.

알고 있나요?

여러분이 살고 있는 지역에도 견학에 알맞은 장소가 많이 있을 것입니다. 많은 곳들이 단체 견학, 특히 학생들의 단체 견학을 환영하며, 견학 프로그램을 운영하고 있습니다.

몇 가지 예를 들면 다음과 같습니다.

- 상수도 시설
- 야생동물 체험장
- 재활용 센터
- 동물원, 또는 수족관
- 과학박물관
- 농장
- 쓰레기 매립장
- 풍력발전소

이 외에도 습지, 하천 등 여러분 혼자, 또는 선생님과 방문할 수 있는 곳들이 많이 있습니다.

견학 계획을 짜는 법

사전 조사

- 학교에서 단체로 가는 견학이라면, 견학을 갈 장소에 대해 사전 조사를 하고 싶다고 선생님께 말씀을 드리세요.

- 여러분과 가까운 곳 중에서, 환경과 관련이 있는 곳에 대한 목록을 작성하세요. 이때 가능하다면 목록에 전화번호도 함께 쓰세요.
- 작성한 목록을 선생님께 보여 드립니다. 그리고 선생님과 함께 목록 중 가장 좋다고 판단되는 몇 곳을 선정하세요. 그 다음 선생님께서 그곳에 전화를 하여, 단체로 견학을 갈 만한 곳인지 판단합니다.

견학비용 벌기

- 단체로 견학을 가려면 버스를 빌려야 합니다. 그러려면 모든 학급 친구들이 돈을 내야 합니다.
- 학급 친구들과 함께 알루미늄 캔을 주워 팔거나, 쓰던 중고물품을 팔아서 생긴 돈으로 버스를 빌리는 방법도 있습니다. 육성회에 도움을 청하는 방법도 있겠죠.
- 견학을 가기에 충분한 돈이 없다면, 환경전문가를 초청하는 방법도 있습니다. 대체에너지 전문가, 재활용센터 직원, 환경단체 직원 등을 초청하여 연설을 듣는 것입니다. 이것은 대부분의 경우 돈이 들지 않습니다.

관련 인터넷 사이트

- 환경과 생명을 지키는 전국교사 모임 http://konect.ktu.or.kr
- 자연생태연구소마당 http://ecomadang.com

49. 혼자보다는 여러 사람이 좋아요

읽기 전에 생각해 보기

다음 중에서 환경단체는 어디일까요?
① 시에라 클럽 ② 뉴욕 양키스 ③ 조나스 브라더스
답: ① (시에라 클럽은 오랫동안 환경보호를 위해
노력하는 미국 환경단체입니다.)

이 책의 목적은, 어린이 여러분에게 변화를 이끌어낼 능력이 있음을 알려 주기 위한 것입니다. 여러분 혼자서도 세상을 바꾸기 위해 얼마든지 노력할 수 있습니다.

그러나 그것만으로는 충분치 못할 때가 있습니다. 보다 큰 변화를 이끌어 내려면 여러 사람이 힘을 합해야 합니다. 여러분 혼자보다는 10명, 100명, 1,000명이 같은 목표를 향해 함께 노력해야 세상을 바꿀 수 있습니다.

그러려면 우선 누구와 손을 잡아야 할지부터 알아야 합니다. 2가지 방법을 제시해 드리겠습니다.

1. 선거로 선출된 공직자에게 의견 전달하기

선거를 통해 선출된 공직자(국회의원, 지역 단체장 등)들은 국민과 시민들의 목소리를 대변합니다. 선거에 뽑힌 공직자에게는 변화를 이끌 큰 권한이 있습니다.

● 공직자들이 통과시키는 법안은 지구를 도울 수도, 또 해칠 수도 있습니다. 그들은 어떤 법안을 심사할 때 자신들을 뽑아준 국민, 즉 여러분과 여러분 지역 모든 사람들의 목소리에 귀를 기울입니다.

● 어떻게 이런 공직자들과 대화할 수 있을까요? 선거로 선출된 공직자들은 편지, 전화, 이메일에 주의를 기울입니다. 여러분이 이들과 직접 대화를 할 수는 없을지라도, 그들의 사무실에 전화나 편지를 할 수는 있습니다. 그러면 사무실에서 일하는 보좌관들이 여러분의 의견을 전달

해줄 것입니다.

● 여러분 지역의 국회의원, 시의원, 그 외 단체장들의 전화번호는 인터넷을 통해 알 수 있습니다.

● 일단 전화를 하기 전에 여러분이 전달할 내용을 확실하게 정리하세요. 많은 환경문제를 말하지 말고, 한 가지 주제만 말하세요. 그리고 여러분이 찬성하는 것과 반대하는 것이 무엇인지 확실하게 말하세요.

2. 환경단체에 가입하기

● 야생동물, 지구온난화, 토양 등 거의 모든 환경문제는 그것을 다루는 환경단체가 있기 마련입니다.

● 많은 환경단체들이 편지보내기 운동을 하고 있고, 홈페이지에 등록한 사람들에게는 이메일을 통해 환경과 관련된 최신 소식을 보내줍니다. 환경단체들은 공직자들에게 자신들의 의견을 전달하기 위해 노력하고 있고, 사람들의 생각을 바꾸기 위해 애를 쓰고 있습니다.

국내 대표적 환경단체

● 녹색연합 http://www.greenkorea.org

● 환경운동연합 http://www.kfem.or.kr

● 환경정의 http://www.eco.or.kr

● 환경재단 http://www.greenfund.org

● 기독교환경운동연대 http://www.greenchrist.org

● 불교환경연대 http://www.budaeco.org

50. 더 나은 세상을 꿈꾸며

소피 자브나 (15세)

어린 시절이 가장 매력 있는 이유 중의 하나는 바로 미래에 대한 꿈이 있기 때문이죠. 자라서 무엇이 될까? 의사가 될까? 우주비행사? 나도 결혼해서 아이를 갖게 될까? 모든 아이들이 저마다 다양한 꿈을 갖고 있지만, 공통점이 하나 있어요. 무엇을 원하건 그것이 재미있어야 한다는 것이죠.

저는 가수가 되고 싶어요. 밴드를 거느리고, 음반도 내고, 콘서트로 하는 그런 가수요.

제가 꿈꾸는 완벽한 미래는 멋져 보이죠. 제가 다시 현실로 돌아와서 10년, 혹은 20년 후의 세계가 어떨지를 심각하게 생각해 보기 전까지는요. '그때가 되면 온갖 공해가 생기는 것은 아닐까? 북극곰, 코끼리 같은 동물이 멸종되는 것은 아닐까? 아름다운 열대우림이 완전히 사라지지는 않을까?

이런 것을 생각할 때면, 나는 전 세계 어린이들이 자신들이 꿈꾸는 삶을 살지 못할 것 같아 두렵고 슬퍼집니다.

우리 모두는 아름다운 지구에서 맑은 공기, 깨끗한 물, 안전한 음식을 먹으면서 살 권리가 있어요. 이런 세상을 꿈꾸세요? 이 꿈을 이루기 위해 거기에 집중하고 노력한다면 가능해요. 우리가 어른이 되어 살 세상은 이런 깨끗한 세상이 되어야 합니다. 그리고 이를 위해 노력하는 것이 우리의 의무이기도 하죠.

우리는 할 수 있어요. 이 책에 나온 것들부터 시작해 보세요. 여러분이 중요하면서도 영원히 영향을 끼치는 일을 하고 있음에 자신이 자랑스러워질 것이고, 그런 실천은 여러분의 한 부분이 될 것입니다.

그것이 변화를 이끌어 냅니다!

제 8 부

환경생태

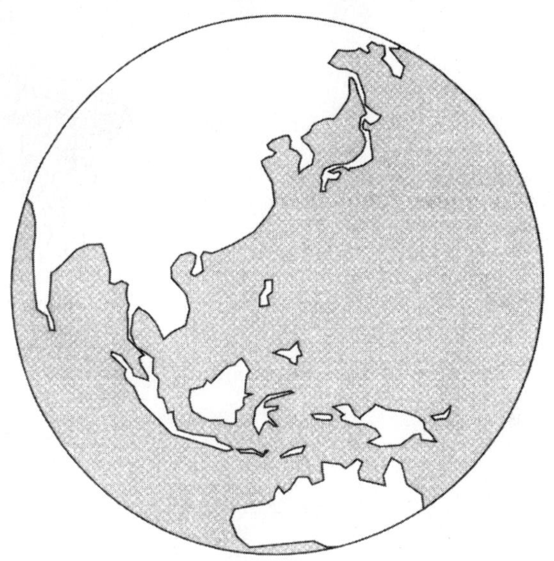

실험

지구로 다시 되돌리는 실험

어떤 물질은 무생물에 의해 분해되어 다시 지구의 일부분으로 되돌아가는데, 이것을 '생물 분해성' 이라고 합니다. 어떤 것이 생물 분해성이 있고, 어떤 것이 없는 것일까요? 아래 내용을 보면 이것을 이해하는 데 도움이 될 것입니다.

준비물

- 사과 속
- 상추
- 비닐봉지
- 스티로폼 컵
- 부삽

실험 방법

1. 몇 개의 구멍을 팔 수 있는 곳을 찾으세요.
2. 구멍 4개를 팝니다. 이때 위에서 준비한 것들을 안에 넣을 수 있을 만큼 파세요.
3. 사과 속, 상추, 비닐봉지, 스티로폼 컵을 각각의 구멍에 넣으세요.
4. 흙으로 구멍을 다시 메우세요.
5. 구멍이 있는 장소에 표시를 하여, 다시 찾을 수 있도록 합니다.
6. 한 달 후, 다시 가서 구멍을 팝니다.
7. 비닐봉지와 스티로폼 컵은 곧 찾을 수 있겠

지만, 상추와 사과 속은 없어졌을 것입니다.

실험으로 알 수 있는 것

● 상추와 사과는 생물 분해성 물질입니다. 무생물에 분해되어 다시 지
구의 일부가 되는 것이죠. 이런 물질은 흙속에서 분해되어 사과, 잔
디, 상추 등이 더 많이 자랄 수 있도록 도와줍니다(사과와 상추를 묻는
장소에 따라 흙으로 되돌아가는 시간이 달라집니다. 땅이 따뜻하고 습기가 많
을수록 더 빨리 분해됩니다).

● 그러나 비닐봉지, 스티로폼 컵은 상태가 변하지 않습니다. 지구의
자원으로 만든 물질이지만, 다시는 지구의 일부분으로 되돌아갈 수
없는 것이죠.

● 이들 중 어떤 것이 우리, 그리고 지구를 위해 더 좋은 물질일까요?
지구로 다시 되돌릴 수 없는 자원을 너무 많이 쓰는 것은 아닐까요?
지구의 자원을 다시는 되돌릴 수 없는 물질로 바꾸는 것이 정말 중요
할까요?

지하수 오염 실험

앞에서 맑은 지하수가 오염되고 있다는 말을 했습니다. 물이 오염되면 인간, 그리고 다른 생명체에게 어떤 일이 발생하는지 알 수 있는 실험을 해보겠습니다.

준비물

- 물 1컵
- 잎사귀가 있는 셀러리 1줄기
- 붉은색, 또는 파란색 식용색소

실험 방법

1. 조심스럽게 셀러리의 밑을 잘라 냅니다.
2. 식용색소를 컵에 2방울 떨어뜨립니다. 이 식용색소가 오염물질인 셈입니다. 물 전체가 식용색소 색깔로 변할 때까지 지켜봅니다. 실제

오염물질도 이런 식으로 지하수를 오염시킵니다.

3. 셀러리를 컵 속에 넣습니다. 셀러리는 식물, 나무, 또는 오염된 지하수를 마시는 사람인 셈입니다. 이 상태로 몇 시간을 둡니다.

4. 몇 시간 후, 다시 셀러리를 확인해 보세요. 셀러리를 자르면 줄기 어디 부분까지 오염되어 있는지 알 수 있습니다.

실험으로 알 수 있는 것

물이 오염되면 식물도 오염됩니다. 우리가 물에 대해 하는 행동은 곧 우리 자신과 살아 있는 모든 생물에게 똑같은 행동을 하는 셈입니다. 땅속에서 물을 얻는 식물은 그 물이 오염되면, 물속의 오염물질까지 흡수합니다. 인간 역시 마찬가지입니다. 이는 피할 수 없는 결과이기에, 미리 예방하는 것이 최선입니다.

공기 오염 실험

공기가 오염되었다고 말들은 많이 하지만, 실제로 공기가 오염되면 이것이 동식물과 사람에게 어떤 작용을 하는지 아는 사람은 많지 않습니다. 이번 실험을 해보면 그것을 아는 데 도움이 될 것입니다.

준비물
- 고무밴드 8개
- 옷걸이 2개
- 큰 비닐봉지
- 돋보기

실험 방법

1. 옷걸이 양쪽을 그림처럼 직각이 되도록 구부립니다.
2. 고무밴드를 옷걸이 하나에 4개씩, 쫙 펴지도록 끼웁니다. 고무밴드가 팽팽하게 껴지지 않으면, 옷걸이를 구부린 채 고무밴드를 끼우세요.

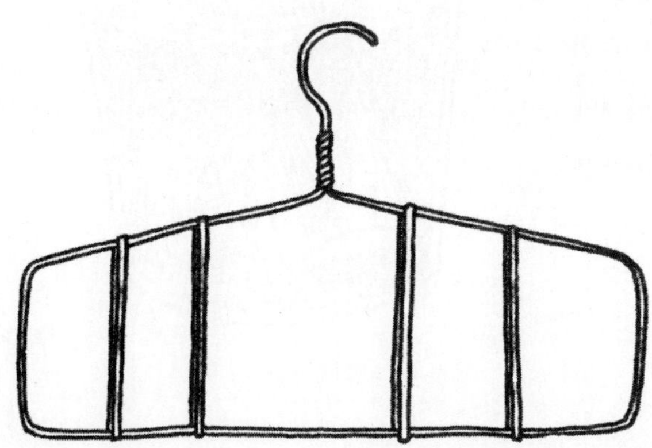

3. 옷걸이 하나는 집밖에 걸어 둡니다. 햇빛이 들지 않는 곳에 거는 것이 중요합니다.

4. 다른 옷걸이는 비닐봉지에 담아 단단히 밀봉합니다. 그리고 실내에 보관합니다.

5. 1주일을 기다립니다.

6. 1주일이 지나면 밖에 걸어 두었던 옷걸이를 확인하세요. 돋보기를 가지고 고무밴드가 갈라지거나 끊어지지 않았는지 확인합니다.

7. 밖에 두었던 고무밴드와 비닐봉지에 담았던 고무밴드를 같은 길이만큼 늘이면서 서로 비교해 보세요. 차이점을 발견했나요?

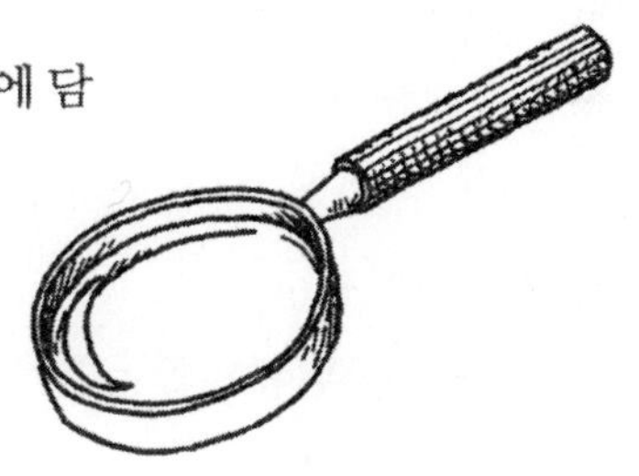

8. 밖에 두었던 고무밴드의 상태가 여전히 좋다면 다시 몇 주 더 밖에 걸어 두세요. 그리고 어떤 상태가 되었는지 다시 확인해 보세요.

실험으로 알 수 있는 것

여러분이 공기가 좋은 지역에 산다면, 고무밴드가 손상되려면 오랜 시간이 걸릴 것입니다. 그러나 공기가 심하게 오염된 곳에 산다면, 몇 주만 있으면 고무밴드가 끊어질 것입니다. 우리 눈에는 보이지 않는 스모그(오염된 공기)가 고무밴드를 삭히기 때문입니다.

오염된 공기는 지구 생물체 모두에 나쁜 영향을 끼칩니다. 고무밴드가 그랬던 것처럼 동물, 식물, 농작물, 심지어 사람까지 해칩니다. 이것이 바로 공기 오염을 막아야 하는 이유입니다.

산성비 실험

발전소와 자동차에서는 우리 눈에 보이지 않는 가스가 나옵니다. 이 가스가 물과 결합되면 물을 식초처럼 '산성'으로 만들어 버립니다. 이런 가스가 비구름 속으로 들어가면 비나 눈과 합쳐져서 다시 지구로 내리는데, 이를 '산성비'라고 합니다. 다음의 실험을 통해 산성비가 식물에 어떤 영향을 끼치는지 알아봅시다.

준비물

- 약 1ℓ짜리 뚜껑이 있는 용기 3개
- 계량컵
- 버려도 되는 화초 3그루
- 식초, 또는 레몬주스 1병
- 견출지나 포스트잇 6조각
- 펜이나 마커

실험 방법

1. 견출지(또는 포스트잇) 2개에 '약한 산성'이라고 씁니다.

2. 계량컵으로 1/4컵의 식초(또는 레몬주스)를 측정하여, 이것을 1ℓ짜리 병 하나에 넣습니다. 식초(또는 레몬주스)를 붓고 남은 공간은 수돗물로 가득 채우세요.

3. '약한 산성' 이라고 쓴 견출지(또는 포스트잇)를 이 병과 화분 하나에
   붙입니다. 병 속의 물은 이 화분에 사용할 물입니다.

4. 이번에는 견출지(또는 포스트잇) 2개에 '강한 산성' 이라고 씁니다. 2
   번과 3번의 과정을 되풀이 하는데, 이번에는 병 속에 식초(또는 레몬
   주스)를 가득 채웁니다.

5. 나머지 견출지(또는 포스트잇) 2개에 '수돗물' 이라고 씁니다. 그리고 나
   머지 화분 하나와 병에 붙이는데, 이 병에는 수돗물을 가득 채웁니다.

6. 화분 3개를 나란히 놓아, 모두 같
   은 양의 햇빛을 받도록 합니다.

7. 화분에 물을 줘야 할 때마다
   (약 2~4일에 한 번) 화분의 견
   출지(또는 포스트잇)에 쓰인 것
   과 같은 병의 물을 줍니다. 산
   성의 효과가 나타나기까지
   얼마나 걸리는지 지켜보세
   요. 식물에 어떤 변화가 생
   기는지 보이나요? 화초의
   색깔이 서로 어떻게 달라
   지나요?

실험으로 알 수 있는 것

물의 산성이 강할수록 식물이 더 빨리 죽게
됩니다. 이 실험을 통해 산성비가 내리면 자연에 어떤 일이 발생하는지 알
수 있습니다. 이 실험에서는 실제 산성비보다 강한 산성을 식물에 주었기
에 식물이 실제보다 더 빨리 영향을 받습니다. 그러나 비의 산성도는 갈수
록 강해지고 있습니다. 상황이 더 나빠지기 전에 이를 막아야 합니다.

음식 포장에 쓰이는 쓰레기 실험

패스트푸드 식당에서 햄버거나 감자튀김을 주문할 때, 주문한 음식과 함께 딸려오는 것들에 대해 생각해 본 적이 있나요? 피클이나, 양파, 소스 등을 말하는 게 아닙니다. 먹고 나서 버리는 포장용지, 비닐 등을 말하는 겁니다. 이런 쓰레기들에 관한 실험을 해봅시다.

준비물

- 친구 몇 명
- 점심값
- 걷거나 자전거로 갈 수 있는 패스트푸드 식당 목록

실험 방법

1. 실험을 위해서 몇 군데 패스트푸드 점에서 음식을 사옵니다.

- 친구들이 각자 서로 다른 패스트푸드점에서 음식을 사오면 실험이 쉬워지며, 비용도 절약할 수 있습니다.
- 모든 패스트푸드점에서 같은 음식을 사오도록 합니다. 그래야 샌드 위치는 샌드위치끼리, 음료수는 음료수끼리, 디저트는 디저트끼리 비교할 수 있습니다.

2. 이제 음식을 사러 갑니다. 각각의 패스트푸드점에서 산 음식이 다른 가게의 것과 섞이지 않도록 합니다.

3. 구입한 음식을 집으로 가져와서 점심으로 먹습니다. 그러나 종이포

장지, 컵, 냅킨, 소금, 플라스틱 포크 및 숟가락, 스티로폼 햄버거 포장용기, 감자튀김 포장용기 등 그 어떤 쓰레기도 버리지 마세요. 이것들을 각 가게별로 분리해서 정리하세요.

4. 정리가 끝났으면, 어떤 가게에서 사온 음식에서 가장 많은 쓰레기가 나왔는지, 쓰레기가 가장 적게 나온 가게는 어디인지 확인해 보세요. 어마어마한 쓰레기양에 놀라셨나요? 수많은 사람들이 매일 사는 음식 모두에 그 쓰레기가 포함되어 있다고 상상해 보세요. 정말 엄청난 낭비가 아닐 수 없습니다.

실험으로 알 수 있는 것

우리는 알게 모르게 많은 쓰레기를 만들어 냅니다. 그것이 쓰레기를 처리할 매립장이 부족한 이유 중 하나죠. 우리는 어떻게 해야 할까요?

아마 패스트푸드점에서 더 이상 음식을 사먹지 않는 방법이 있겠죠. 그러나 여러분이 패스트푸드를 좋아한다면 어떻게 할까요? 그럼 쓰레기가 가장 적게 나오거나, 그것들을 재활용하는 가게를 이용하는 것이 최선이겠죠. 그런데 그 가게의 음식이 마음에 들지 않는다면 또 어떻게 해야 할까요?

어린이 여러분, 무언가를 결정하는 것이 늘 쉬운 법은 아닙니다. 지구를 구하려면 힘든 결정을 해야만 할 때가 많습니다. 여러분이 정말로 환경과 지구를 걱정한다면 어떤 선택을 하시겠습니까?

환경을 생각하는 실험

지구를 위해 생각하고 행동하는 것이 어려운 이유는 뭘까요? 아마 그냥 살아가는 데도 너무 바빠 다른 중요한 것들에는 관심을 갖지 않기 때문일 것입니다. 이번 실험을 통해 그것에 대해 탐구해 봅시다.

준비물

● 친구 몇 명

● 가로세로 약 1m짜리 큰 종이

● 친구들의 설문 작성에 필요한 연필과 작은 종이

실험 방법

1. 바닥에 큰 종이를 깔고, 다음 그림처럼 표를 긋고 글을 씁니다.
2. 친구들에게 자신이 가장 하고 싶은 일을 어디, 어떤 상황에서 결정하

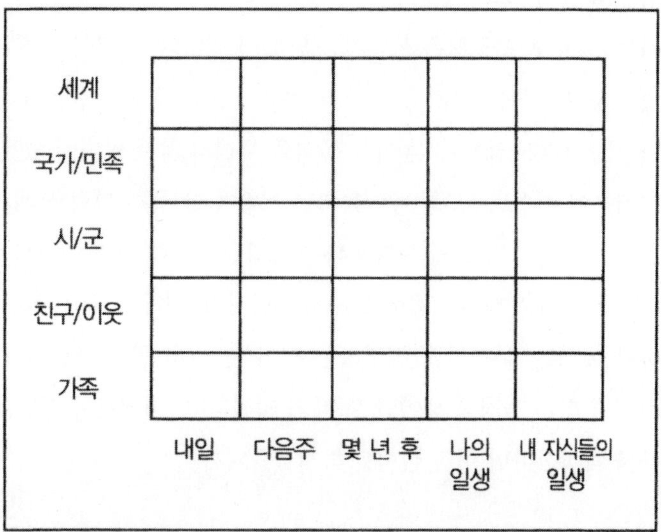

는지 물어 보세요. 예를 들어 잠자리에 누웠을 때인지, 잠들기 직전인지, 아니면 자전거를 탈 때인지, 샤워를 할 때인지 등을 물어 봅니다. 친구들이 언제인지 답을 생각해 내면 다음 단계로 넘어갑니다.

3. 친구들에게 눈을 감고, 지난주에 가장 하고 싶었던 일을 생각하던 상황을 상상하도록 요청합니다.

4. 이제 친구들에게 당시에 하고 싶다고 생각했던 것 10가지를 적도록 요청합니다. 이때 그 일을 언제 하고 싶다고 생각했었는지도 적도록 합니다. 예를 들어 그날 밤 저녁식사를 하고 싶다고 생각했는지, 아니면 토요일에 친구를 만나고 싶어 했는지, 또는 그 다음 주에 영화를 보러가겠다고 생각했는지 등을 적도록 하는 것입니다.

5. 이제 앞에서 준비한 큰 종이에 이 내용들을 표시할 차례입니다. 친구들이 생각해낸 10가지 하고 싶었던 일들을 아래 그림처럼 적습니다. 예를 들어, 그 다음 주에 친구들과 영화를 보러가고 싶어 했다면, '다음 주'와 '친구/이웃'이 교차하는 부분에 표시를 하는 것입니다.

6. 모두 표시를 했으면 뒤로 물러나, 자신들이 어디에 표시를 했는지 살펴봅니다.

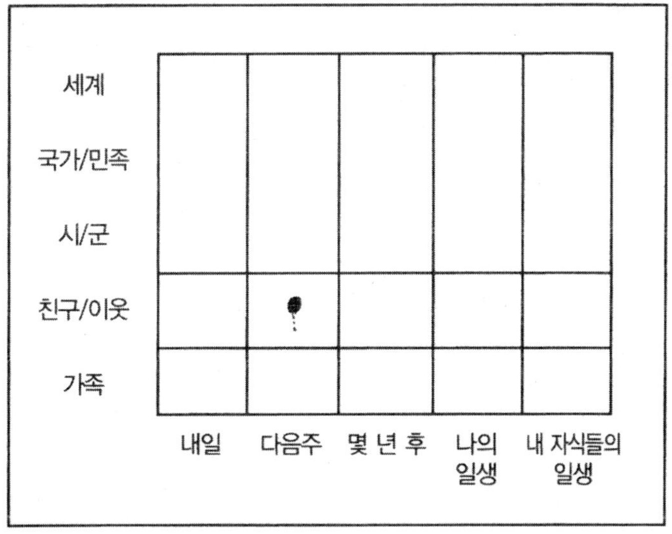

실험으로 알 수 있는 것

대부분 사람들의 생각은 자신과 가까운 대상에 몰려 있습니다. 가족, 친구, 이웃, 학교, 그리고 곧 일어날 일 등에 집중되어 있는 것이죠.

우리가 환경에 대해 얼마나 생각하지 않는지 알 수 있습니다. 지구환경에 대해 걱정은 하면서도 거의 생각은 하지 않습니다. 그러나 연습을 약간만 하면 항상 지구환경에 대해 생각할 수 있게 됩니다.

● 양치질을 하면서 지구환경을 생각합시다. 그러면 물을 아끼기 위해 수도꼭지를 잠그게 됩니다.

● 외출을 할 때도 지구환경을 생각합시다. 그러면 자동차 대신 걷거나 자전거를 이용하게 됩니다.

● 사용하지 않는 전등을 끕니다. 그러면 에너지 절약에 도움이 된다는 사실을 알기 때문입니다.

● 매일 지구를 생각하기만 하면, 이 책에서 다루는 50가지 방법을 우리 생활의 일부로 만들 수 있습니다.

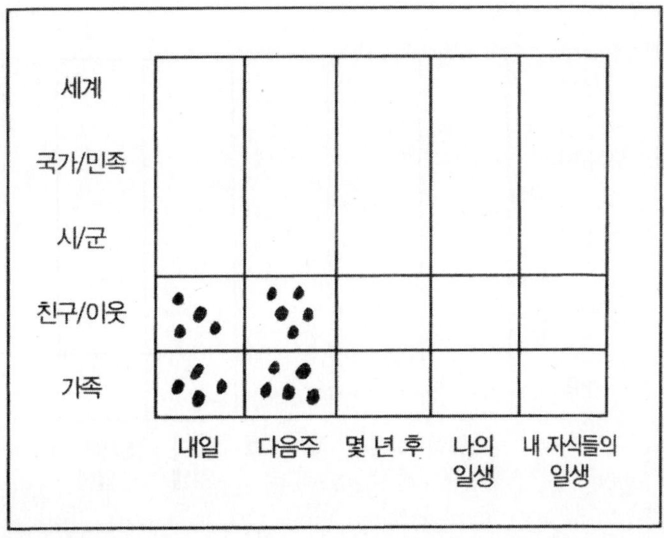

재생종이를 만드는 실험

재생종이가 만들어지는 과정을 아는 가장 좋은 방법은 여러분이 직접 만들어 보는 것입니다. 다음의 내용은 미국 캘리포니아의 생태학 센터 (Ecology Center)에서 발행한 《생태학 입문(First Steps to Ecology)》이라는 책에서 발췌한 것입니다.

준비물

- 신문지 2장 반
- 전체 신문 1부
- 믹서
- 물 5컵
- 깊이가 7.5cm 이상 되는 사각 용기
- 사각 용기에 맞는 쇠로 된 방충망
- 계량컵
- 신문지 크기의 넓적한 나무판

실험 방법

1. 신문지 2장 반을 작은 조각으로 찢습니다.

2. 찢은 신문 조각을 믹서에 넣습니다.

3. 물 5컵을 믹서에 부으세요.

4. 믹서 뚜껑을 닫습니다. 뚜껑을 닫지 않으면 믹서 안에 넣은 것이 뿜어져 나와 사방을 더럽힙니다.

5. 믹서 안의 종잇조각이 펄프가 될 때까지 믹서를 돌립니다.

6. 사각 용기에 약 2.5㎝ 정도의 물을 붓습니다.

7. 믹서 안의 펄프를 계량컵에 붓습니다.

8. 방충망을 사각 용기에 넣습니다.

9. 펄프 1컵을 방충망 위에 붓습니다.

10. 부은 펄프를 물속에서 방충망 위에 고르게 편다. 걸쭉한 느낌이 들죠?

11. 방충망을 들어 물기가 빠지도록 합니다.

12. 신문지 중간을 펼치세요.

13. 펄프 채로 방충망을 펼친 신문지에 놓습니다.

14. 신문지를 덮으세요.

15. 펄프가 방충망 사이로 빠져나가도록 가볍게 신문지를 두드리세요. 매우 중요한 과정이니 조심스럽게 두드려야 합니다.

16. 나무판을 신문지 위에 올려서, 그 압력으로 펄프에 남은 물기를 빼도록 합니다.

17. 다시 신문지를 펼쳐서 방충망을 뺍니다.

18. 신문지가 펼쳐진 채로 놔둡니다. 이렇게 최소한 24시간을 두어 펄프를 말립니다.

19. 다음날, 펄프 종이가 다 말랐는지 확인합니다.

20. 다 말랐다면 조심스럽게 신문지에서 떼어 냅니다.

21. 이제 여러분이 사용할 수 있는 재생종이가 탄생했습니다.

실험으로 알 수 있는 것

여러분은 재생종이를 만드는 것이 아주 쉽다는 것을 알게 되었습니다. 이제 여러분은 종이를 재생하고 재생된 종이를 구입함으로써, 나무도 구하고 쓰레기 문제도 해결하는 데 도움을 줄 수 있게 되었습니다.

제 9 부

스피드

퀴즈

에너지 사용

여러분과 여러분의 친구들이 올바른 에너지 사용법과 절약법을 얼마나 알고 있는지 확인해 봅시다. 정답은 214쪽에 있습니다.

1. 사람들은 에너지를 절약하는 것이 얼마나 중요한지 알고 있기에, 에너지 소비는 해가 갈수록 줄어들고 있다. (맞으면 O, 틀리면 X)

2. 집에서 사용하는 기기 중에서 가장 많은 에너지를 소비하는 것은?
   ① 식기세척기 ② 냉장고 ③ 세탁기

3. 집에서 에너지 절약을 위해 할 수 있는 방법은?
   ① 발끝으로 걷기 ② 난방온도 낮추기 ③ 무설탕껌 씹기

4. 지구온난화를 가속시키는 오염물질은 대부분 에너지 사용 때문에 발생한다. 자동차와 여러분의 집 중에서 지구온난화 오염물질을 더 많이 배출하는 것은?

5. 대부분의 가정집에는 찬 공기가 들어오는 작은 틈들이 많이 있다. 이런 틈들을 통해 벽에 큰 구멍이 있는 것과 마찬가지로 찬 공기가 집안으로 들어온다. (맞으면 O, 틀리면 X)

6. 전기자동차를 이용하는 것은 에너지를 절약하는 좋은 방법이다. (맞으면 O, 틀리면 X)

7. 태양에너지는 좋은 생각이긴 하지만, 실제적으로는 에너지 문제 해결에 도움이 되지 않는다. (맞으면 O, 틀리면 X)

8. 에너지 스타(Energy Star, 미국 환경부의 절전 인증제도-옮긴이)라 무엇인가?
   ① 락 스타가 소유한 식기세척기   ② 별 모양으로 생긴 스토브
   ③ 절전형 가전제품

9. 일반적인 전구 대신 콤팩트 형광등을 사용하면 어떤 일이 생길까?
   ① 웃게 된다. ② 많은 에너지를 절약하게 된다. ③ 집이 녹아내린다.

스피드 퀴즈 2

물 사용

여기서는 올바른 물 사용법과 절약법을 얼마나 알고 있는지 확인해 봅시다.
정답은 214쪽에 있습니다.

1. 집에서 물을 가장 많이 사용하는 곳은?

   ① 부엌 ② 욕실 ③ 세탁실

2. 평균 가정에서는 가족 모두가 하루에 약 50번 정도 수도를 튼다. (맞으면 O, 틀리면 X)

3. 만약 지구에 내리는 모든 빗물이 1갤런(약 3.8ℓ)이라면, 이 중에서 우리가 실제로 마실 수 있는 담수의 양은 얼마나 될까?

   ① 약 1숟갈 ② 음료수캔 1개 ③ 큰 그릇 1개

4. 인간이 살아가기 위해선 물을 마셔야 한다. 그렇다면 인간은 물을 마시지 않고 얼마나 살 수 있을까?

   ① 약 5분 ② 약 1주일 ③ 약 1개월

5. 아프리카와 아시아 지역에 사는 사람들 대부분은 수돗물을 여러분처럼 마신다. (맞으면 O, 틀리면 X)

6. 전 세계 인구 중 약 10억 명의 사람들은 안전하지 못한 물을 마신다. 이들이 유일하게 얻을 수 있는 식수는 질병을 유발하고, 심할 경우 죽음에 이를 수도 있다. (맞으면 O, 틀리면 X)

7. 몇몇 국가의 사람들은 다른 나라 사람들에 비해 물을 훨씬 적게 사용한다. 예를 들어 평균적인 인도인 한 사람은 매일 약 53ℓ의 물을 사용하지만, 독일인 한 사람은 약 178ℓ를 사용한다. 그렇다면 미국인이 하루에 사용하는 1인당 물 사용량은 얼마나 될까?

   ① 약 38ℓ ② 약 363ℓ ③ 약 662ℓ

야생동물 보호

이번에는 야생동물 보호에 관한 문제입니다. 자신이 야생동물에 대해 얼마나 아는지 확인해 보세요. 정답은 215쪽에 있습니다.

1. 미국에서는 '멸종위기동식물 보호법'을 통해 많은 야생동물을 보호하게 되었다. 따라서 더 이상 새로운 동물을 보호대상에 등록하지 않아도 된다. (맞으면 O, 틀리면 X)

2. 자동차 밖으로 음식물을 버리면 야생동물이 위험해지는 이유는 무엇일까?
   ① 야생동물의 눈을 맞힐 수 있기 때문에
   ② 야생동물이 화를 내기 때문에
   ③ 야생동물이 음식 때문에 도로로 나와 자동차에 치일 수 있기 때문에

3. 많은 야생동물이 멸종위기에 처한 것은 야생동물이 너무 멍청하기 때문이다. (맞으면 O, 틀리면 X)

4. 중국 양자강 돌고래는 가장 심각한 멸종위기에 처한 동물들 중 하나다. 전 세계를 통틀어 현재 약 100마리 정도만 남아 있기 때문이다. (맞으면 O, 틀리면 X)

5. 새를 보호하는 간단한 방법은 유기농 바나나를 사는 것이다. (맞으면 O, 틀리면 X)

6. 음식을 쌌던 비닐포장지를 버리는 것이 왜 야생동식물에게 위험할까?

7. 고래는 지구의 보물과 같은 존재다. 고래는 몸집이 매우 큰데, 새끼고래가 하루에 마시는 우유의 양은 얼마나 될까?
   ① 300병   ② 2,000병   ③ 5만 병

8. 도도새를 볼 수 있는 유일한 곳은 열대지방인 방고방고 섬에서만 볼 수 있다. (맞으면 O, 틀리면 X)

스피드 퀴즈 4

쓰레기와 재활용

쓰레기를 줄이고 재활용 비율을 높여야 합니다. 여러분이 쓰레기 재활용에 관련된 다음 문제에 몇 개나 답할 수 있는지 스스로 확인해 보세요. 정답은 216쪽에 있습니다.

1. 사람이 하루에 배출하는 쓰레기의 평균 양은?

   ① 1~1.8kg ② 4.5~5.4kg ③ 1.8~2.7kg

2. 재활용이 가능한데도 가장 많이 버리는 쓰레기는?

3. 재활용이 가능한 것들 중에서 가장 값이 높은 것은?

4. 우유곽도 재활용이 가능하다. (맞으면 O, 틀리면 X)

5. 종이 1톤을 재생하면 물이 얼마나 절약될까?

   ① 2만 6,500ℓ ② 265ℓ ③ 2,650ℓ

6. 버리는 쓰레기 중 몇 %가 재활용이 가능할까?

   ① 100% ② 75% ③ 50%

7. 쓰레기를 재활용함으로써 보호할 수 있는 것은?

   ① 나무 ② 산 ③ 인간

정답

스피드 퀴즈 1 – 에너지 사용

1. **X.** 안타깝게도 X입니다. 우리는 에너지를 절약하는 방법을 많이 알고는 있지만, 제대로 실천하는 사람은 많지 않습니다. 절약은커녕 에너지 소비는 해마다 늘고 있습니다. 정말 엄청난 낭비를 하고 있는 것이죠.

2. **②.** 냉장고입니다. 냉장고는 1년 내내 하루 종일 켜놓아야 합니다. 2번째는 식기세척기, 3번째가 의류건조기입니다.

3. **②.** 당연히 난방온도를 낮추는 것이죠. 가정에서 가장 많은 에너지를 소비하는 것이 냉난방입니다.

4. **집.** 가정에서 배출되는 온실가스는 자동차가 배출하는 온실가스의 2배라고 합니다. 따라서 가정에서 에너지를 절약하는 것이 지구온난화를 막는 길입니다.

5. **O.** 여러분의 집에는 문틈, 창문틈 등 집안의 따뜻한 공기가 빠져나가는 틈이 많이 있습니다. 이런 틈이 어디에 있는지 철저히 확인해 보세요.

6. **O.** 전기자동차는 에너지를 절약하며, 오염물질도 덜 배출합니다. 또한 일반차량보다 운영비도 적게 듭니다.

7. **X.** 태양은 무한정 쓸 수 있고 가격도 싼 에너지원입니다. 태양에너지를 쓸 수 있는 많은 방법이 과학자들에 의해 개발되고 있습니다.

8. **③.** 에너지 스타는 어떤 전자제품이 에너지를 덜 소비하는지를 소비자들에게 알려 주기 위해 미국 정부가 만든 인증제도입니다.

9. **②.** 콤팩트 형광등은 일반 전구보다 에너지 효율성이 훨씬 뛰어납니다.

스피드 퀴즈 2 – 물 사용

1. **②.** 가정에서 사용하는 물의 75%가 욕실에서 사용됩니다. 약 20%는 세탁과 청소에 사용됩니다.

2. **X.** 그보다 더 자주 틉니다. 평균 가정에서는 하루에 70~100번 정도 수도를 트는 것으로 추정됩니다. 수도를 100번 틀었다 잠그는 흉내를 한번

내보세요. 실제로 틀지는 말고요. 아마 팔이 아파 100번을 다 채우지 못할 겁니다. 여러분 가족이 얼마나 물을 많이 사용하는지 짐작이 가나요? 이런 일이 모든 가정에서 매일 일어난다고 생각해 보세요.

3. ①. 지구에 있는 물 중에서 우리가 마실 수 있는 양은 매우 적습니다. 그래서 물을 깨끗하게 보존하는 것이 중요합니다.

4. ②. 인간은 음식 없이 3~4주는 살 수 있지만, 물이 없다면 1주일도 살기 어렵습니다.

5. X. 우리는 수도가 얼마나 편리한지 실감하지 못합니다. 아프리카와 아시아에 사는 가난한 여성들은 물을 얻기 위해 평균 5km 이상을 걸어야 합니다. 인도 캘커타의 도시 지역에서도, 많은 사람들이 물을 얻기 위해 길게 줄을 섭니다.

6. O. 약 11억 명의 사람들이 깨끗한 물을 마시지 못합니다. 그리고 매년 약 160만 명의 사람들이 물로 인한 질병 때문에 죽습니다. 그 중에 많은 수가 어린이들입니다.

7. ②와 ③ 사이. 이는 어느 지역에 사는가에 따라 다릅니다. 그러나 절약을 하면 그 사용량을 훨씬 줄일 수 있습니다.

스피드 퀴즈 3 – 야생동물 보호

1. X. 미국에서는 약 1,200종이 멸종위기 동식물에 등록되어 있지만, 과학자들은 이 외에도 6,500종 이상이 멸종위기에 있다고 추정합니다.

2. ③. 매년 수백만 마리의 야생동물이 자동차에 치어 죽습니다.

3. X. 야생동물이 죽는 가장 큰 이유는 인간이 야생동물의 서식지를 파괴하기 때문입니다.

4. X. 양자강 돌고래는 현재 멸종된 것으로 추정됩니다. 2007년 이후 단 한 마리도 관측되지 않았기 때문입니다.

5. O. 겨울철 남미로 날아가는 철새들은 바나나에 사용된 농약에 해를 입습니다. 따라서 유기농 바나나는 그 새들을 보호하는 데 도움이 됩니다.

6. 음식이 묻은 채 비닐포장지를 버리게 되면, 야생동물이 그것을 먹을 수 있습니다. 이때 동물이 비닐조각을 삼키면 죽을 수도 있습니다.

7. ②. 2,000병은 아기가 1년 동안 먹기에 충분한 양입니다. 정말 엄청나죠?

8. X. 도도새는 그 어디에서도 볼 수 없습니다. 1681년경에 멸종했기 때문이죠.

스피드 퀴즈 4 – 쓰레기와 재활용

1. ③. 하루 정도 날을 잡아, 자신이 얼마나 쓰레기를 만들어 내는지 확인해 보세요.

2. **종이.** 우리가 버리는 쓰레기의 약 1/3이 종이인 것으로 추정됩니다. 거의 모두 재생될 수 있는 종이들입니다.

3. **알루미늄.** 알루미늄은 1톤당 2,000달러의 가격입니다. 그런데 알루미늄의 재활용률은 45%에 지나지 않습니다.

4. O. 우유곽은 당연히 재활용이 가능합니다.

5. ①. 재활용을 통해 물을 절약할 수 있다는 것이 이해하기 힘들겠지만, 종이를 새로 만들려면 엄청난 양의 물이 들어갑니다. 따라서 종이를 아껴 쓰는 것은 물을 절약하는 것이기도 합니다.

6. ②. 약 75%가 재활용이 가능합니다. 여기에는 퇴비를 만들 수 있는 음식물 쓰레기, 종이, 유리 등이 포함됩니다. 그러나 미국의 쓰레기 재활용률은 32%에 지나지 않습니다. 아직도 갈 길이 멉니다.

7. **전부.** 여러분도 포함됩니다. 자원을 절약함으로써 깨끗한 물과 숲을 보존할 수 있습니다. 그리고 지구를 보다 건강하게 함으로써 우리 인간도 건강한 삶을 누릴 수 있죠. 우리 모두 재활용을 적극적으로 실천합시다.

● 원서에 소개된 해외 사이트 주소들

1. 유리제품은 재활용하세요
- ollierecycles.com/uk/html/glass.html
- recyclenow.com/fun_stuff/index.html
- ecy.wa.gov/programs/swfa/kidspage/glass.html
- getunderground.com/global_images/albums/GLASS1.jpg

2. 플라스틱 병을 재활용하세요
- water.newdream.org
- youtube.com/watch?v=OZbTXDkrD1o
- newdream.org/marketplace/water.php
- p2pays.org/recycleguys/guidelines.aspor dosomething.org/actnow/actionguide/start-a-school-recyclingprogram

3. 알루미늄 캔도 재활용하세요
- thinkcans.net
- pbskids.org/eekoworld
- recycle.novelis.com/Recycle/EN/Kids
- www.container-recycling.org/alumfact/dirty.htm
- consrv.ca.gov/dor/rre/kids/Documents/RecycleProgram.pdf

4. 사기 전에 미리 생각하세요
- planetpals.com/precycle.html
- en.wikipedia.org/wiki/File:General_store_interior_Alabama_USA.jpg
- eia.doe.gov/kids/energyfacts/saving/recycling/solidwaste/primer.html
- www.epa.gov/epawaste/index.htm

5. 버리지 말고 나누세요
- yardsalequeen.com
- thriftyfun.com/tf54049630.tip.html
- getrichslowly.org/blog/2007/06/12/a-yard-sale-checklist-ten-tips-for-garage-sale-prep/
- freemesa.org

6. 쓰고, 다시 쓰고, 또 쓰세요
- youtube.com/watch?v=2Cs5bLu07t0
- kidshealthnotes.com/2008/04/22/recycle-with-kids-tip-5-reusing-beats-recycling/
- recycleworks.org/kids

7. 재활용센터를 찾으세요
- recyclingcenters.org
- dnr.state.wi.us/org/caer/ce/eek/earth/recycle/recyclingbeyond.htm
- kids.nationalgeographic.com/Games/ActionGames/Recycle-roundup
- recycling-revolution.com

8. 스티로폼은 안돼요
- wastefreelunches.org/success.html
- reusablebags.com/store/wrapnmat-p-2.html
- lunchboxpad.com
- marloscrochetcorner.com/Plastic%20Bag%20tote.html

9. 지렁이를 키워 보세요
- kidsregen.org/krrn/10_step/step3/detective.shtml
- youtube.com/watch?v=kq3yfKCC9ok
- meetthegreens.pbskids.org/episode4/kitchen-composting.html and meetthegreens.pbskids.org/episode4/outdoor-composting.html
- sustainable.tamu.edu/slidesets/kidscompost/cover.html
- kidsgardening.org/growonder/worm.php
- www.gardeners.com/Kids-and-Composting/5329,default,pg.html

10. 물이 새는 곳을 찾으세요
- www2.seattle.gov/util/waterbusters/
- www.savingwater.org/kids
- dnr.metrokc.gov/wtd/waterconservation/tips.htm
- http://greeleygov.com/Water/Documents/metergame.swf
- dcwasa.com/kids/index.html
- pbskids.org/eekoworld/exchange/detail_water.html?Start=140

11. 물을 그냥 흘려버리지 마세요
- usewaterwisely.com/videowinners.cfm
- harwichwater.com/resources/conservation/conservation_06.html
- ajc.com/metro/content/metro/stories/2007/10/25/wateruse_1026.html
- schools.nsw.edu.au/events/statecompetitions/webawards/winners2006/primary/6/index.htm
- wateruseitwisely.com/familywater/index.shtml
- k12science.org/curriculum/drainproj/index.html

12. 바닷가로 가세요
- sanctuaries.noaa.gov/education/pdfs/ogab.pdf
- thankyouocean.org/for_kids
- www.algalita.org/plastics-in-the-environment.html

13. 샤워하는 습관을 바꾸세요
- pbskids.org/zoom/activities/sci
  /showerestimation.html
- youtube.com/watch?v=lNhlh8MtDZl
  &feature=related
- youtube.com/watch?v=dyLj36nXgwQ
- youtube.com/watch?v=210BHk5-0UU

14. 지하수를 보호합시다
- groundwater.org/kc/kc.html
- groundwater.org/kc/groundwater_
  animation.html
- twdb.state.tx.us/kids/
- tomsnyder.com/products/productextras
  /SCISCI/watercycle.html
- kids.earth.nasa.gov/droplet.html

15. 빗물을 잡으세요
- stormwatercoalition.org/html/playhouse
  /index.html
- www.twdb.state.tx.us/kids/modules
  /rain_journey/index.html
- secretagentworms.org/vault
  _stormwater.html

16. 잔디에는 이렇게 물을 주세요
- csrees.usda.gov/Extension
- youtube.com/watch?v=O818bjcu6LI
- youtube.com/watch?v=D61XUBCvjNI
- youtube.com/watch?v=X_4LMoaCVF
  A&feature=related
- wildflower.org/
- kidsgardening.com/themes/native2.asp

17. 시냇물을 보호합시다
- iwla.org
- worldinvestigators.blogspot.com/2007/04
  /river-clean-up-07.html

18. 습지를 보호합시다
- www.ag.iastate.edu/centers/iawetlands
  /About.html
- idahoptv.org/dialogue4kids/season6
  /wetlands/index.cfm
- pbskids.org/dragonflytv/show
  /wetlands.html
- kidsgardening.com/2005.kids.garden.
  news/october/pg1.html
- swfwmd.state.fl.us/education/splash
  /building_a_wetland.html
- americaswetland.com/files/MyWetlands
  ColoringBook.pdf

19. 새를 보호해 주세요
- a-home-for-wild-birds.com/bird-
  watching-for-kids.html
- backyard: pleasebekind.com/wild.html
- nationalzoo.si.edu/Animals/Birds/ForKids/
- audubon.org/educate/

20. 집으로 동물을 초대하세요
- wildbirdshop.com/Birding/humfeed.html
- kidsbutterfly.org
- nwf.org/backyard/tipsheets.cfm
- kidsgardening.org/growonder
- urbanext.uiuc.edu/firstgarden/planning
  /unusual_00.html
- www.kidsplanet.org/defendit/new
  /enjoyit.html

21. 곤충을 보호합시다
- amentsoc.org/bug-club/
- youtube.com/watch?v=OlFINtux4nk&
  feature=user
- ecokids.ca/pub/games_activities/wildlife
  /index.cfm
- parents-choice.org/article.cfm?art_id=
  147&the_page=consider_this
- fossweb.com/modulesK-
  2/Insects/activities/insecthunt.html

22. 멸종위기 동식물을 보호합시다
- www.antiguanracer.org/html/home.htm
- www.arkive.org/threatened-species/
- kidsplanet.org/factsheets/map.html and
  kidsplanet.org/cyw/
- amnh.org/ology/index.php?channe
  =biodiversity

23. 고래를 보호해 주세요
- www.afsc.noaa.gov/nmml/education/
- cetus.ucsd.edu/voicesinthesea_org/Flash/
- sanctuaries.noaa.gov/whales/main_
  page.html.

24. 동물원과 수족관을 도와주세요
- nationalzoo.si.edu/education/conservation
  central/design/default.cfm
- Zoo: sandiegozoo.org/kids/games
  /index.html
- www.kidcyber.com.au/topics/zoos.htm
- zoovetgame.com/

25. 쓰레기는 쓰레기통에
- www.flickr.com/photos/marilynphotos
  /2636801620/
- pleasebekind.com/dontlitter.html
- marine-litter.gpa.unep.org/kids/kids.htm
- marinedebris.noaa.gov/marinedebris101
  /ActivBk_pop.html
- youtube.com/watch?v=SVZfjvA2k3k

26. 새둥지를 만들어 주세요
- projectwildlife.org/gardens_toadhouse.htm
- familycrafts.about.com/od/frogcrafts/ig /toadville
- thisoldhouse.com/toh/how-to/intro /0,,20165965,00.html
- tricklecreekbooks.com/squirrelhousecon tents.htm
- tricklecreekbooks.com/squirrelsneed homestoo.htm
- thekidsgarden.co.uk/BuildABirdHouse.html
- 65407how-to-make-a-simplebirdhouse- out-of-craft-sticks
- owlpages.com/links.php?cat=Owls- Nest+Boxes

27. 동물을 죽여서 만든 물건은 사지 마세요
- calwaterfowl.org/duck_stamp/index.htm
- www.fws.gov/refuges/refugeLocatorMaps /index.html
- defenders.org/take_action/upcoming_ events/national_wildlife_refuge_week.php
- arkiveeducation.org/games_habitat.html
- kidsplanet.org/wol/
- kids.nationalgeographic.com/Animals /CreatureFeature/
- nps.gov/learn/parkfun.htm
- arkiveeducation.org/games.html
- environment.nationalgeographic.com /environment/habitats/

28. 장을 볼 때는 장바구니를 가져가세요
- tipnut.com/35-reusable-grocery- bagstotes-free-patterns
- reusablebags.com/store/shopping-bags- kids-bags-c-2_45.html
- ehow.com/how_10885_recycle-plastic- grocery.html
- youtube.com/watch?v=4ZntqsuSdvY

29. 나무를 심어 보세요
- arborday.org/kids/carly/
- treemusketeers.org/tm06/index.asp
- urbanext.uiuc.edu/trees2/
- urbanext.uiuc.edu/trees1/flash/index.html
- urbanext.uiuc.edu/woods/
- urbanext.uiuc.edu/trees3/01.html
- kidsgardening.com/Dig/DigDetail.taf?ID =1334&Type=Art

30. 식물을 길러 보세요
- www.urbanext.uiuc.edu/gpe/index.html
- urbanext.uiuc.edu/firstgarden/
- bbc.co.uk/schools/scienceclips/ages /5_6/growing_plants.shtml
- plantsinmotion.bio.indiana.edu

/plantmotion/starthere.html
- school.discoveryeducation.com /schooladventures/soil/

31. 종이는 재활용하세요
- paperrecycles.org/school_recycling /curb_to_consumer/index.html
- Bollierecycles.com/uk/html/paper _spot.html
- metacafe.com/watch/1063787 /how_to_recycle_paper/

32. 열대우림을 보호해 주세요
- rainforest-alliance.org/programs /education/kids
- ran.org/new/kidscorner
- news.mongabay.com/
- nature.org/rainforests/explore/quiz.html

33. 국산 농산물을 먹어요
- eatwellguide.org
- organic.org/storefinder
- pickyourown.org
- youtube.com/watch?v=NPct1usF8oA
- youtube.com/watch?v= DUBf _a3EtQU&NR=1
- spatulatta.com
- cuesa.org/sustainable_ag/A-Z/

34. 유기농 농산물을 먹어요
- oviesdigs.com
- ebfarm.com/justforkids
- rodaleinstitute.org/science_experiments
- rainforestalliance.org/education /treehouse/trackitback/index.html
- ecokidsonline.com/pub/eco_info /topics/landuse/organic_farm/index.cfm

35. 충전지를 이용하세요
- greenlivingtips.com/articles/247/1 /Disposable-vs-rechargeable- batteries.html
- rbrc.org/consumer/education_kids.html
- ehso.com/ehshome/batteries.php#types
- youtube.com/watch?v=VC8JhnDGAbk
- ehso.com/ehshome/batteries.php

36. 안 쓰는 전등은 끄세요
- touchstoneenergykids.com/games /cfl_game.php
- youtube.com/watch?v=FvOBHMb6Cqc
- youtube.com/watch?v=t10D6Ud4RuU
- energyhog.org/childrens.htm
- energystar.gov/index.cfm?c=kids.kids _index
- nrdc.org/greensquad/library/lighting.asp

37. 실내 온도를 낮추세요
- en.wikipedia.org/wiki/Hot_water_bottle

38. 더운물을 아껴 쓰세요
- website.lineone.net/~bill.sykes/019_Bath
  _in_front_of_Fire.jpg
- farm4.static.flickr.com/3282/2625212219
  _5240a14421.jpg?v=0
- ScienceFairZone.asp

39. 자전거를 타세요
- youtube.com/watch?v=ZOUiqubr_Fc
- gov/KIDS/kidsafety/correct.html
- www.nhtsa.dot.gov/people/injury
  /pedbimot/bike/KidsandBikeSafetyWeb
  /index.htm
- greenguideforkids.blogspot.com/2007
  /09/walk-bike-rollerskate-or-skateboard-
  to.html

40. 집안의 열기를 잡으세요
- epa.state.il.us/kids/teachers/activities
  /draft-stopper.html
- jas.familyfun.go.com/arts-and-
  crafts?page=CraftDisplay&craftid=11565
- thriftyfun.com/tf957998.tip.html
- craftycrafty.tv/2007/09/how_to_make
  _your_own_dog_or_sn_1.html
- phtv_se_we_gs_000529.hcsp
- waltonemc.com/Newsletter_Archive
  /2007_11_windows.htm

41. 꼭 필요할 때만 여세요
- youtube.com/watch?v=Vid1sl-dKok
- youtube.com/watch?v=qrNw3b5jrD4&
  feature=related
- youtube.com/watch?v=EuXGX_i0etY&
  feature=related

42. 뚜껑은 덮고 끓이세요
- greenlivingtips.com/articles/252/1/Saving-
  energy-whencooking.html
- care2.com/greenliving/save-
  kitchenenergy-10-cooking-tips.html
- pbskids.org/zoom/activities/sci
  /solarcookers.html
- aces.miamicountryday.org/SolarCookers
  /solar_cookers.htm

43. 안 쓰는 전기플러그는 빼두세요
- meetthegreens.pbskids.org/episode5
  /energy-vampires.html
- energyquest.ca.gov/vampires
  /dswmedia/index.html
- usefulscreensaver.com.au

44. 태양에너지
- www.windpower.org/en/kids/index.htm
- solarenergy.org/resources/youngkids.html
- energyquest.ca.gov/story/index.html
- eia.doe.gov/kids/energyfacts/sources
  /whatsenergy.html
- solarnow.org/pizzabx.htm
- www1.eere.energy.gov/kids/roofus/

45. 부모님을 설득하세요
- food-home.kaboose.com/go-green-
  checklist.html
- ecologue.com
- oprah.com/article/world/environment
  /green_living_dunne
- ehow.com/how_4562018_do-
  greenactivities-kids.html
- green101.experience.com/2008/11/green-
  your-parents.html
- canadianparents.com/article/10-tips-to-
  help-your-family-go-green

46. 신문사에 편지를 보내세요
- associatedcontent.com/article/137491
  /the_ultimate_guide_to_getting_a_letter.html?
  page=1&cat=9

47. 학교부터 바꾸세요
- www.greenschools.net/7StepstoaGreen
  School.htm
- eco-schools.org/aboutus/howitworks.htm
- greenschoolproject.com/
- www.deq.state.or.us/lq/education/
- ase.org/greenschools/start.htm
- www.recycleworks.org/schools
  /s_audits.html

48. 견학을 가세요
- astc.org/exhibitions/rotten/tour.htm
- youtube.com/watch?v=ryl7jCmth40
- thearb.org/field.htm

49. 혼자보다는 여러 사람이 좋아요
- nrdc.org
- foe.org
- seacology.org
- ran.org
- ucsusa.org
- sierraclub.org
- earthisland.org
- greenpeace.org
- defenders.org
- audubon.org
- nwf.org